FOLDING ARCHITECTURE

图解设计思维过程小书库

建筑折叠

空间、结构和组织图解

Spatial, Structural and Organizational Diagrams

[希] 索菲亚·维左维缇（Sophia Vyzoviti）著
滕艺梦　栗茜　译

机械工业出版社
CHINA MACHINE PRESS

DIAGRAMS

“图解设计思维过程小书库”引进了时下国外流行的图解类建筑设计工具书，通过轻松明快的编排方式、简单明了的图像以及分门别类的主题，使读者可以在床头案边随时翻阅，激发灵感，常读常新。

本书将折叠作为建筑设计生成的手段，抛开功能需求和限制条件，将建筑师从精确的制图语汇中解放出来，对单纯的建筑可能性进行头脑风暴，满足建筑师在自由状态下对形式生成和结构探索的好奇和野心。虽然折叠的过程是试验性且不可预知的，但我们感兴趣的是形式生成的过程，以及能够转化设计对象的一系列操作。本书将这些操作进行了四个阶段的划分，主题分别为：材料和功能，算法，空间、结构和组织图解及建筑原型。书中的操作过程和成果可以作为读者接触折叠的领路人，从而得以更多尝试折叠在设计中的应用。

本书适合作为建筑设计及相关专业学生的教学辅导书，也可以作为建筑设计从业者的灵感参考书。

Folding Architecture: Spatial, Structural and Organizational Diagrams by Sophia Vyzoviti/ISBN 9789063690595

图书在版编目（CIP）数据

建筑折叠：空间、结构和组织图解/（希）索菲亚·维左维缇（Sophia Vyzoviti）著；滕艺梦，栗茜译. —北京：机械工业出版社，2019. 12（2022. 1重印）
（图解设计思维过程小书库）
书名原文：Folding Architecture: Spatial, Structural and Organizational Diagrams
ISBN 978-7-111-63722-6

Ⅰ. ①建… Ⅱ. ①索…②滕…③栗… Ⅲ. ①建筑设计—图解 Ⅳ. ①TU2-64

中国版本图书馆CIP数据核字（2019）第200997号

机械工业出版社（北京市百万庄大街22号 邮政编码100037）
策划编辑：时 颂 责任编辑：时 颂 刘志刚
责任校对：刘志文 封面设计：栗 茜
责任印制：孙 炜
北京利丰雅高长城印刷有限公司印刷
2022年1月第1版第4次印刷
130mm×184mm · 4.875印张 · 2插页 · 86千字
标准书号：ISBN 978-7-111-63722-6
定价：39.00元

电话服务	网络服务
客服电话：010-88361066	机 工 官 网：www.cmpbook.com
010-88379833	机 工 官 博：weibo.com/cmp1952
010-68326294	金 书 网：www.golden-book.com
封底无防伪标均为盗版	机工教育服务网：www.cmpedu.com

专家寄语

建筑设计是一种多维链接的系统思维，其过程很难表述为规定性的标准程序。然而在复杂的过程中，有时一个形象或是一幅图解就能给予启发，激活整个思维。这套“图解设计思维过程小书库”呈现了类型丰富的作品案例和简明准确的图示解析，面向操作，可读性强，是建筑专业学生不可多得的工具性参考书，也可以作为执业建筑师的点子和方法宝库。

——张彤，东南大学建筑学院院长

此套小书库有助于理解建筑创作的逻辑规律，有助于建立起理性思维习惯，有助于激发创造力。

——曹亮功，北京淡士伦建筑设计有限公司总建筑师，
全国高等学校建筑学专业教育评估委员会第三第四第五届副主任委员

建筑设计是空间的创造与表达。图解思维可启迪设计灵感，是空间基础训练最有效的方法，对提高设计水平是有益的。

——吴永发，苏州大学建筑学院院长

图示表达为建筑设计的根本语言，图示思维是建筑创作的基本方法。愿此书为您打开理解建筑的大门，打通营造环境的途径！

——王绍森，厦门大学建筑与土木工程学院院长

“图解设计思维过程小书库”以轻松明晰的风格讲述建筑学及建筑设计的方法。“授之以渔”永远比“授之以鱼”重要，此书可以帮助建筑学的学子透过建筑图片表象，了解图片背后的生产逻辑、原因和路径。

——何崴，中央美术学院建筑学院教授

丛书序

自20世纪初，德国包豪斯、苏联呼捷玛斯开始现代主义建筑空间造型理论与教育方法的研究，已过去整整一百年了。百年前的先贤们奠定的空间造型理论与方法被广为传播，在世界各地开花结果，成为百年来现代主义建筑创作的重要基础，也是工业革命以来现代建筑发生发展的重要依据。不仅仅是这些创作理论与方法的贡献，包豪斯与呼捷玛斯一起也在设计空间构成与造型教育方向成果颇丰，成为现代建筑教育重要的指南和基石。

基于这样的教育思想和训练方法，世界各国大学的建筑空间造型训练与教育虽不尽相同，但大体思想却出奇一致，那就是遵循现代主义建筑的结构技术体系、造型方法体系、现代材料的逻辑体系，形成整体的空间造型训练。但正如文学语言的构成需要字词句等基础元素，建筑教育界却在建筑造型的基础语言元素体系方面训练较少，缺少必要的方法和理论。初学者缺乏必要的基础元素训练，欠缺较完整的基础空间构成体系的训练，甚为遗憾。

2011年，荷兰BIS出版社寄赠予一套丛书，展示了欧洲这方面的最新研究成果，弥补了这方面的遗憾，甚为欣慰。此套丛书从建筑元素设计、建筑空间结构与组织、多功能综合体实践等各个方面，将建筑基础元素与空间建构的关系进行了完美的解答，既有理论和实例，又有设计训练方法，瞄准创意与操作，为现代建筑教育训练提供了实实在在的方法，是一套建筑初步空间构成探索与训练的优秀作品。

《建筑元素设计：空间体量操作入门》一书，开创性地将抽象方法联系到更为实际的建筑元素中，力图产生一套更为系统和清晰的建筑生成逻辑，强调体量操作中引入各种建筑元素，激发进一步研究和探索元素设计的可能性，三个建筑元素（垂直交通、开洞和场地）的选择，将空间与体验相联系。

《建筑造型速成指南：创意、操作和实例》一书，是作者与建筑师在教学与建筑实践方面十余年的合作成果。通过重复使用和组合简单的建筑元素来解决复杂的空间要求，对于循序渐进地提高学生创意能力帮助巨大。

《建筑折叠：空间、结构和组织图解》一书，将折纸作为一种训练手段，探讨充满体量感的设计创意的可能性挑战，注重评估折纸过程中的每一个步骤，激发创造力，追求建筑设计中的理性与空间逻辑，形成了独特的训练方法。

《创新设计攻略：多功能综合体实践》一书，通过多功能建筑综合体，探讨结合私密空间和公共空间的非传统和实验性的方法；通过复杂功能的理性划分，探讨公共空间的多种策略；通过分析、计算机空间模拟、实体以及数字模型多种方法，达到训练目标。

四本书各有特点，每本都从最基本的建筑造型元素出发，探讨空间造型与训练方法，并将此方法潜移默化于空间的创造之中，激发学生的灵感。

谨代表中国的建筑学专业教师与学生一起感谢机械工业出版社独具慧眼，引进了一套非常有价值的教学训练丛书。

韩林飞

米兰理工大学建筑学院教授、莫斯科建筑学院教授、

北京交通大学建筑与艺术学院教授

中文版序言

自包豪斯开始，运用材料制作模型激发了建筑设计的创造性，正如约瑟夫·亚伯斯的学生在预备课程中所做的那样。我对柔顺易弯表面的研究源于建筑师的好奇心，即在考虑功能需求和限制条件之前，对单纯的建筑可能性进行头脑风暴，满足建筑师在自由状态下对形式生成和结构探索的好奇和野心。这样的研究，将建筑师从技术制图中解放出来，得到了建筑原型。

《建筑折叠：空间、结构和组织图解》一书是为了将我们普遍关心的重点从完成的项目转移到设计过程中来。当时，在代尔夫特理工大学建筑学院，我探索将折叠作为设计生成的工具，而模型制作是基础。通过记录大量对模型从简单到复杂的操作手法，希望能整理出一套系统的、创新的设计生成方法，帮助建筑师们在设计中灵活运用柔顺易弯表面。

原书出版后的十余年中，柔顺易弯表面的设计逐步发展。一些最初只在学者之间分享的想法、策略和工具渐渐被主流设计圈所接受。诸如连续平面、几何褶皱、富有表现力的曲线、折叠体量和装饰性纹理外墙等形式语汇，被成功地运用到实践中去。柔顺易弯表面成为一种多元化的建筑案例，甚至可以结合计算机共同进行更智能、炫酷的设计。因此，这是一本先锋的建筑小书。

实际上，它也是一本热销国际的设计书，原书重印14次，已经在全球累计销售了35000多本。

但是，我仍在挑战柔顺易弯表面并为之着迷。模型，更精确来说是柔顺易弯表面的建筑原型，在随机和不定向的实际制作过程中，生成的形态充满了多种可能性。有些事先并不能够发现，只有当真正动手试验之后，才呼之欲出。现如今，实物模型被认为是对数字化设计的补充，而我却认为，从实物模型中生成的形态充满挑战性，有些时候甚至能揭示出数字化设计中的缺陷，远远超出了预期。现在使用柔顺易弯表面进行创作，需要材料特性、数字建模和制造这三个方面的紧密联系才能生成最终的形态。在这个过程中，模型是概念的初步证明。

在最近的研究中，我正在试验如何调整柔顺易弯表面以突出其动势。重新在微观层面审视其纹理，更是暗中呼应了建筑与织物的经典关系。探索轻量的建筑“屏风”作为建筑基础，这样的弹性表面可以制造氛围，勾勒出一个富有装饰性的感性边界。我带领的设计小组进行了一系列折纸研究，最近更是制作了一些真实尺度的工作模型，并临时放置在公共空间作为艺术作品来展示。例如“sim(pli)city”是一座轻质、可移动、可变形的结构，这源于希望设计出一个剥离建筑固有形态的作品。这个蒙古包一样的结构展开就是一整张材料。该项目在赞助和展览方“明天的环境”第三届国际环境网络大会（The 3rd International Congress of the Ambiances Network: Ambiances Tomorrow）中进行了动态展示。

具有柔顺易弯表面的“sim(pli)city”可以轻松地移动和打开

在塞萨利大学折叠建筑实验室中，我们也研究了共享模型库的方法。通过建立模型库，使小组成员可以共同使用模型素材。这些模型制作的算法都非常简单，基本都可以通过grasshopper或者徒手完成。模型可以在组内共享，并可以被不同的组员增加或者修改。

折纸模型可以在组内共享，并可以被不同的组员增加或者修改

作为中文版序言，我在此必须强调折纸在东方世界的重要性。折纸艺术扎根于当地传统工艺、制作和仪式之中，人们也因此会对用折纸来创造柔顺易弯表面有更深一层的认识。

尽情折叠吧！

索菲亚·维左维缇

2019年7月

序言

在D10设计课中，建筑设计是一种非线性的、需要反复实践的过程，它要求设计师围绕问题所在，充分理解并面对它及其所有周边关系。换句话说，它是一种探索式设计，从逻辑性思维转化为联想发散性思维，从而得到设计原型和新的理念。在本书中，比起如何构造出一栋新的建筑，了解折叠的整个过程和折叠在建筑中发展的趋势才更为重要。

对于学生们而言，折叠还比较陌生，是一项充满独特性的挑战。纸面一旦经过折叠，就意味着创造出一个充满体量感的空间。因此，折叠这个技巧让我们能够重新评估每一个步骤，并使每一步都充满无限可能。折叠及其相应的手眼协调过程将设计从先入为主的设计思维过程和固有的结构体系中解放出来。折叠本身的局限性，从另一方面来说也能促进思考、激发创造力。在漫长的设计过程中，折叠亦可以带来意想不到和未知的结果。众多的可能性使得选择变得尤为必要。因此，需要为稍显混乱但引人注目的折叠模型界定底线，是否适用以及表达什么含义都是可钻研的课题。此时，还需注意两点：折叠并不是为了创造新的形式，而是为了寻找联系；形式需要特别考虑人的尺度，因为一不小心尺度就会过于庞大。这个问题在大尺度项目中更为突出。此处的折叠比起传统的折纸来说更为激进，因为它追求的不仅仅是建筑设计中所涉及的合理性、功能性和表达的意义，而是一种充满情感的空间表达。它的切入点不再关乎美学或逻辑，而是象征了另一种秩序。仅仅是观察它们，就足以让莘莘学子感到迷惑不解。折叠对于建筑设计的过程意义大于建筑设计本身，因此，正如吉尔·德勒兹所说，它已经“绝对内化”了。这种折叠项目所特有的模糊性，得到各式各样完全不同的结果。这些可能性互相之间也会有所干扰、强化或是合并。因此，面对相同的设计，每个人的感受和解读也会有很大差异。这也是建筑设计的力量，起初的折叠是呢喃，而发展的结果形成了语言。

至少对于学生而言，这是一门必须被习得的新语言。

汉斯·柯内里森

D10设计课主管

目录

折叠
在建筑设计形态生成中
的应用

由于不可知性、非线性、自下而上，折叠作为建筑设计的生成方式实际上还处在试验阶段。我们感兴趣的是形态生成的过程，即对设计对象进行折叠时产生的一系列转化阶段。可以说，这是一个开放而动态的发展过程，即设计随着非均衡的交替周期而发展演变，我们可以通过不同阶段来理解折叠作为形态生成的方式。将这个连续性的设计课程划分为四个阶段，主题分别为：材料和功能，算法，空间、结构、组织图解和建筑原型。

阶段1：材料和功能

白卡纸㊀因其质量和硬度可作为一种典型的折叠材料，我们的任务是在保持纸张连续性这个唯一约束条件下，广泛地探索将单维度纸张从平面变为立体的方法。白卡纸的基本变形是一些非常简单的操作，如：折叠、打裥、压痕、按压、划线、切割、拉起、卷起、扭曲、翻转、包裹、围合、穿过、铰接、打结、编织、挤压、稳定、展开等。在初期的折纸㊁操作中，我们可以把这些动作看成是德勒兹式的图解，即无关形式和内容的“抽象机器”㊂，仅为材料和功能所驱使。将折纸视作图解，形成了一种将建筑研究引入实践之境的新方法。

阶段2：算法

折纸作为一种动作，具有不稳定性且不断发展变化，并记录着自身演变的痕迹：纸面上的划线、压痕和切口。折纸被展开后，就是一张揭示其制作过程的图纸。重复的折纸操作则把初始的直觉反应升华成为技巧：三角折纸、按压变形、折叠成层、折叠再折叠，或是形成条状、曲线、螺旋或流线的样式。生成体量的折纸操作非常丰富，这一系列操作也生成了建筑功能。折纸的

㊀ 白卡纸是荷兰语“ivoir karton”的直译：薄而坚固，且易于切割，有90~300g纸张可供选择。

㊁ 折纸在本书中意为折叠后的成果，是折叠操作的产物。

㊂ 图解建筑的论据源自德勒兹和加塔利所谓的图解是抽象机器的固有特性：“我们将抽象机器定义为仅留存有材料与功能的状态。图解既没有内容，也没有形式。”[1]

生成转化是有序的。我们认为折纸操作成功生成作品的这种转化，其实是对于形式的一种“遗传算法”，这个阶段的任务在于将会用算法破译解码折纸作品的形态生成方式，同时定义和诠释这些算法：序列、强化技巧、展开、变形记录、操作指南和变形明细。理解和开发折纸算法打破了特异性，产生了一系列相似却不相同的作品。这部分还会介绍如何记录变形步骤的问题，这需要以时间为变量的记号法[2]来解决。因此，折纸可以被视作一个由莱布尼茨所定义的事件[3]，其对象扩展为一个无限的没有极限的变量集合。

阶段3：空间、结构和组织图解

在动态体量的生成过程中，空间便从折纸作品中诞生。折痕所围合出的体量表现出了无法被精准定义的曲线结构，尽管是分散破碎的，但因为是一张纸，连续性依然存在。将折纸过程转化为空间图解需要对空间关系进行抽象理解。它们的几何特性最初是不相关的，而拓扑属性对于描述折纸所产生的空间来说则非常重要，即接近、分离、空间演替、围合和连续。

这个阶段的任务是感知折纸围合出的空间并将其构建为真实空间，不像实际建筑那样真实，也不像几何空间那样抽象，而是一个概念设计空间，即一个连续的、便于试验和计算的空间。

我们此时引入人的行动，一组具有抽象功能的动与静的交替。无障碍性是关键点，连通性是间接的表现，循环和交叉则是自然产生的空间概念。

由于白卡纸本身具有一定的硬度，折纸作品中的折痕、褶裥和铰接处具有了一定的结构特性。在折叠过程中，折痕承载并分散了张力和压力。在折纸技巧的发展过程中，最常见的结构形式是越发不同的三角面。鱼骨纹[4]则是从日式折纸中演变而来的一种结构形式，规则却又富含变化。

从折纸衍生而来的结构形式看起来是缠绕、交织和分层的。连续变化的条带被视作一种折叠技巧，进而演化为一种有组织的系统方法。由于表面的弯曲，斜面的优势通过一系列介于水平和垂直之间的平面所展现。空间之间的模糊边界则表明围合条件下的不断变化。

阶段4：建筑原型

基于折纸的设计生成过程中，建筑对象并不是设计的主要目标。从教学角度出发，设计过程中出现的空间、结构和组织的折纸作品都需要转化为建筑原型。本阶段的任务是赋予折纸作品以建筑属性，引入材料、功能和场地的参数。因此，我们可以把这些已获得“建筑性”[5]的空间、结构和组织的折纸作品定义为建筑原型。

本次设计课程中所开发出的一组简单原型包括：扭曲表面系列、层层包裹的房子、凹空间、交织的管道、都市流浪者之生存胶囊、生活–办公机器、空心堤和都市营地。与交错、转移和否定[6]的解构主义观点不同的是，给折纸图解赋予建筑属性是一个寻求空间特性、功能组织和结构之间相互促进作用的研究项目。然而，此种相互促进作用超越了明确的互为依赖关系，具有更多可能的关联性。通过评估这些建筑原型，我们可以证实先前推断的说法，即折叠可以作为建筑设计的一种策略，它通过将不同元素整合为“一种兼具多样性和连续性的系统”[7]，从而解决了建筑的复杂性问题。

索菲亚·维左维缇

塞萨利大学建筑系教授

2003年6月

参考资料

[1] A thousand plateaus-capitalism and schizophrenia, translation Brian Massumi, University of Minnesota Press, Minneapolis, 1987.

[2] Stan Allen, 'mapping the unmappable-on notation' in Practice: architecture, technique and representation, Critical Voices in art, theory and culture, G+B Arts International, 2000.

[3] Gilles Deleuze, The fold, Leibniz and the Baroque, trans. Tom Conley, The Athlone Press, London, 1993.

[4] Gilles Deleuze, The fold, Leibniz and the Baroque, trans. Tom Conley, The Athlone Press, London, 1993. For further reference consult Origami Science and Art-Proceedings of the Second International Meeting of Origami Science and Scientific Origami, Otsu, Japan, 1994.

[5] Stanford Kwinter, 'The complex and the singular' in Architectures of Time-Towards a Theory of the Event in Modernist Culture, The MIT Press, Cambridge Massachusetts, 2001.

[6] Bernard Tschumi, Architecture and disjunction, The MIT Press, Cambridge Massachusetts, 1996.

[7] Greg Lynn, 'Architectural curvilinearity-the folded, the pliant and the supple' in 'Folding in Architecture', Architectural Design, vol.63, Academy Editions, London, 1993.

阶段 1

材料和功能

Matter and Functions

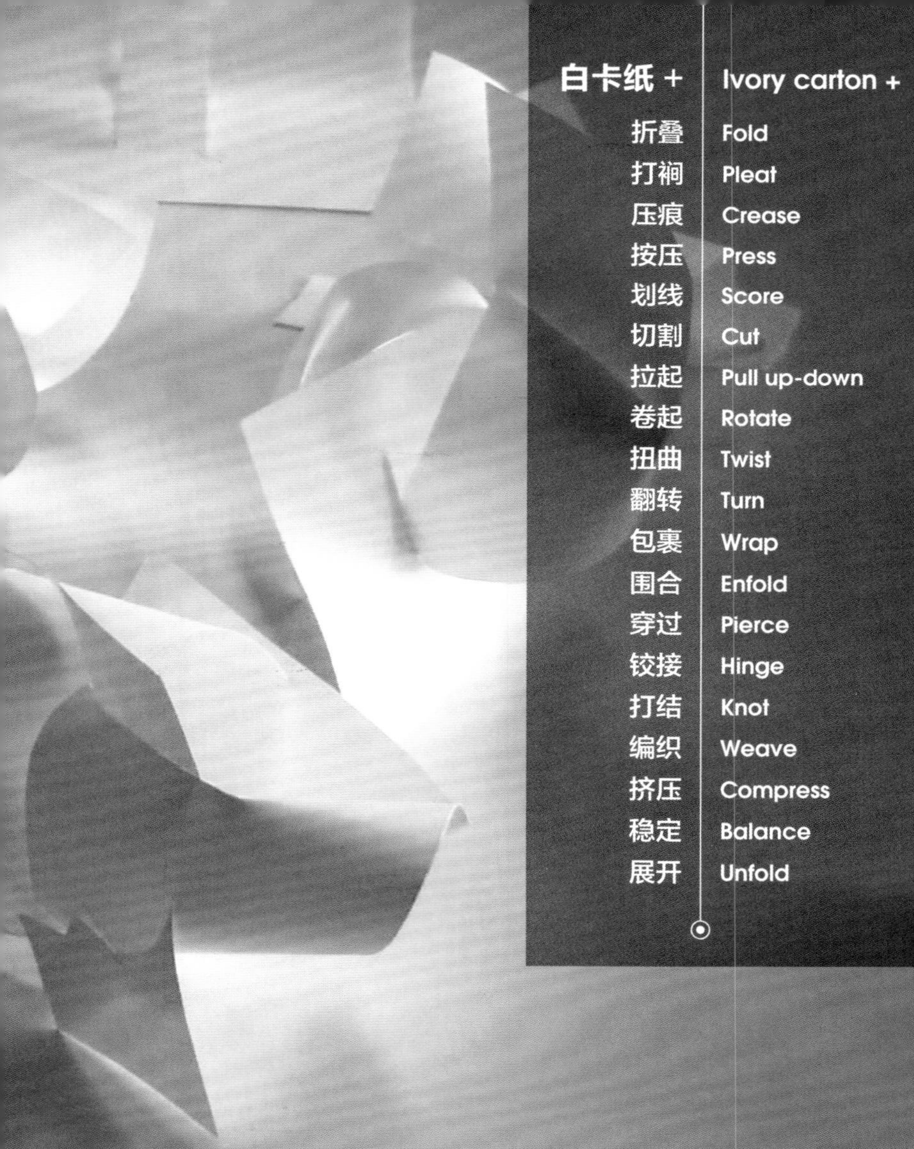
白卡纸 + Ivory carton +
折叠 Fold
打裥 Pleat
压痕 Crease
按压 Press
划线 Score
切割 Cut
拉起 Pull up-down
卷起 Rotate
扭曲 Twist
翻转 Turn
包裹 Wrap
围合 Enfold
穿过 Pierce
铰接 Hinge
打结 Knot
编织 Weave
挤压 Compress
稳定 Balance
展开 Unfold

划线–压痕–固定

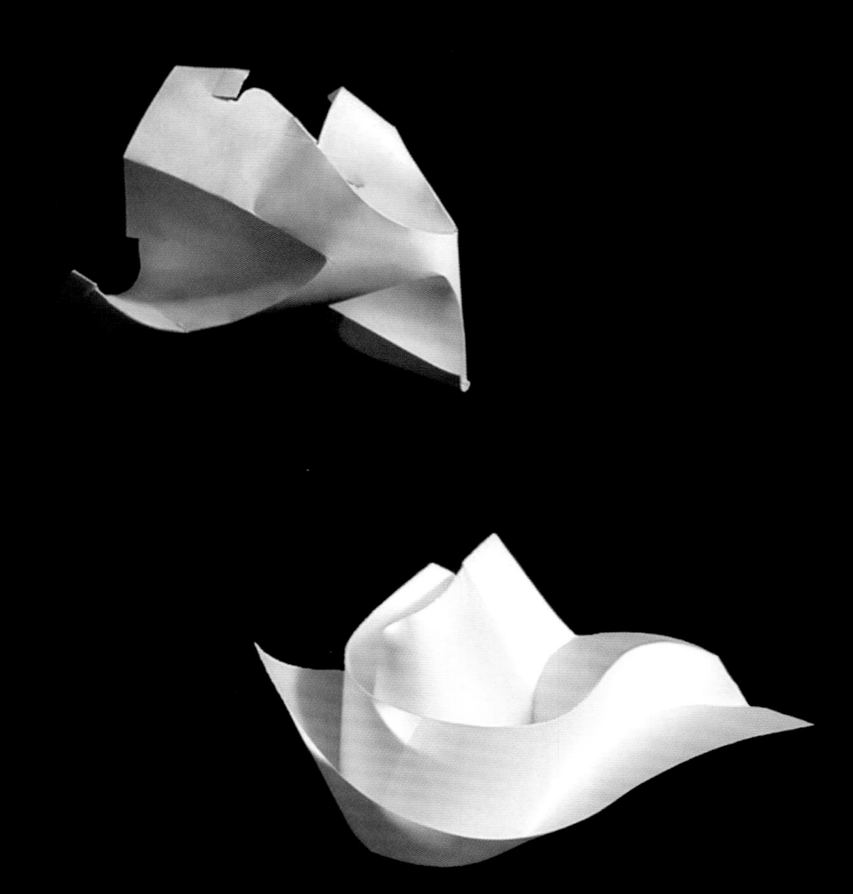

划线–压痕–按压–固定

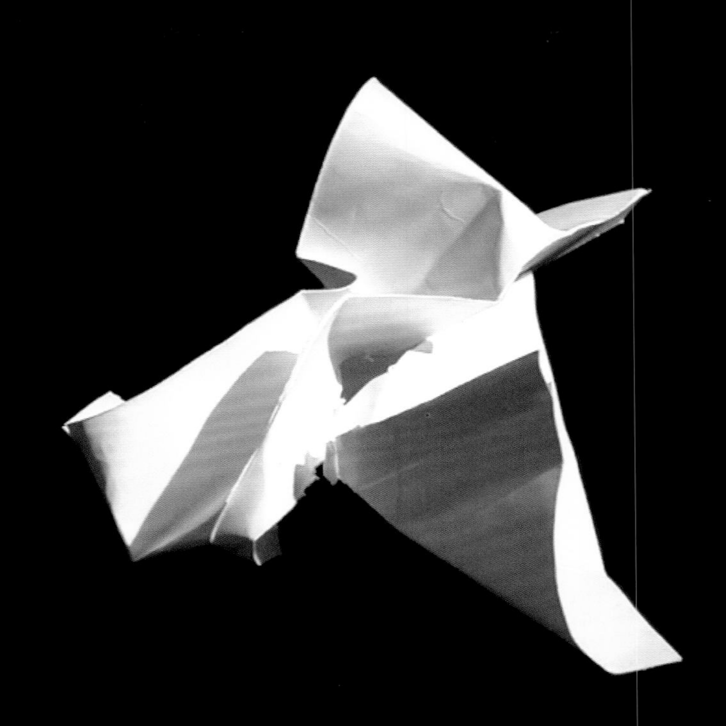

划线–切割–展开–打结

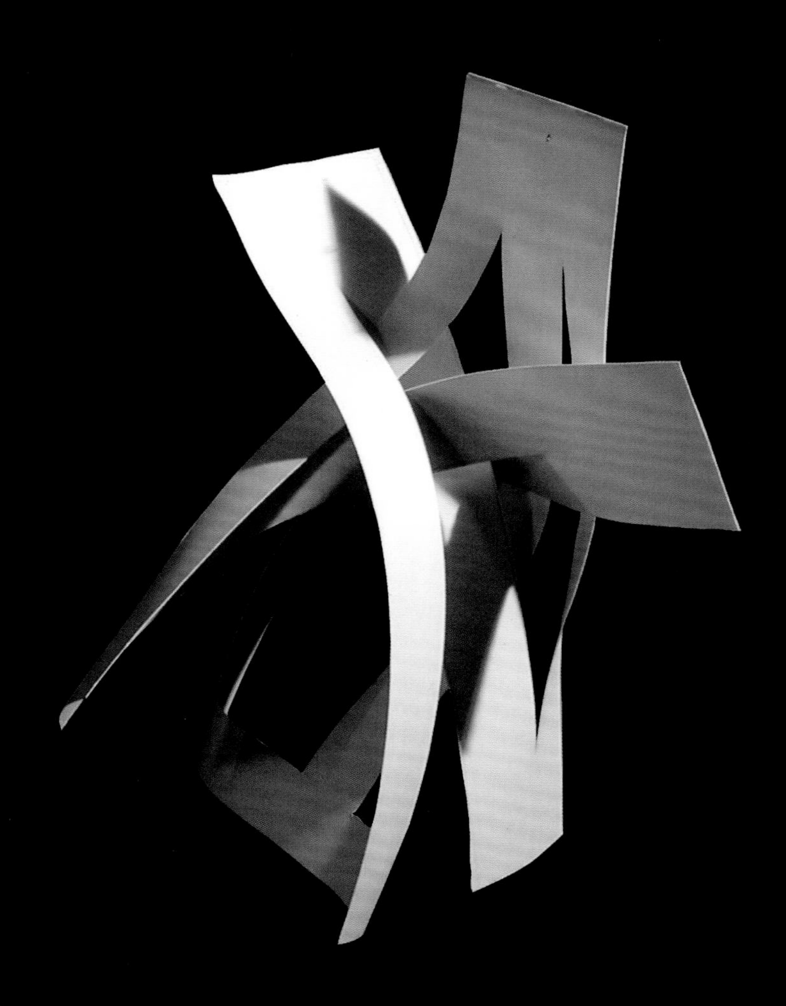

划线–切割–折叠–铰接

切割–卷起–穿过–铰接

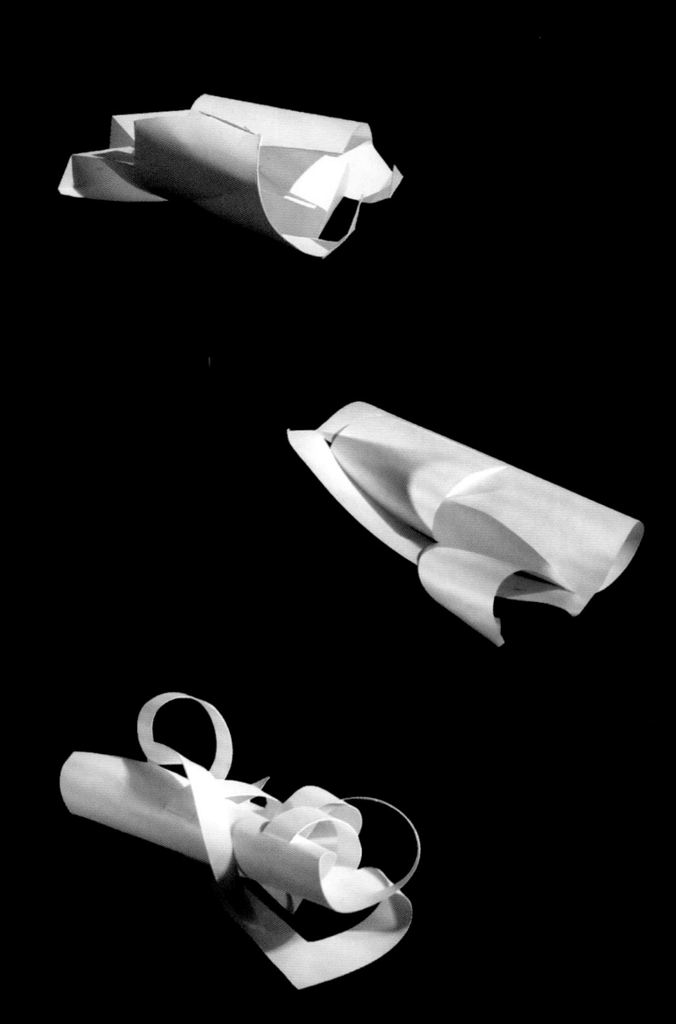

切割–卷起–包裹–铰接

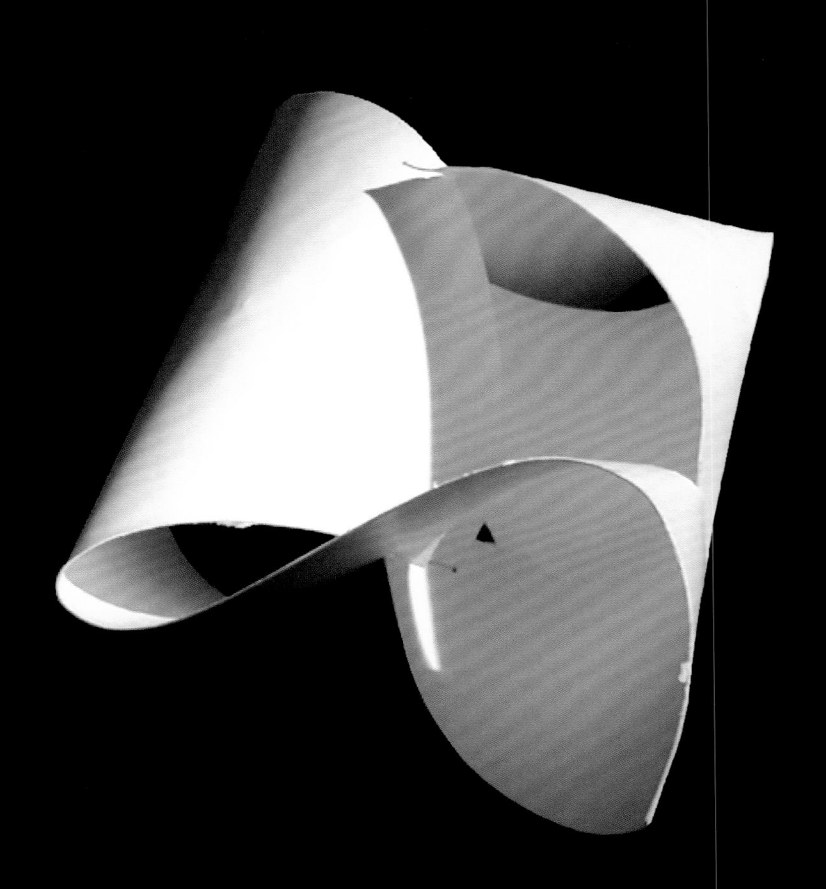

折叠-切割-包裹-铰接

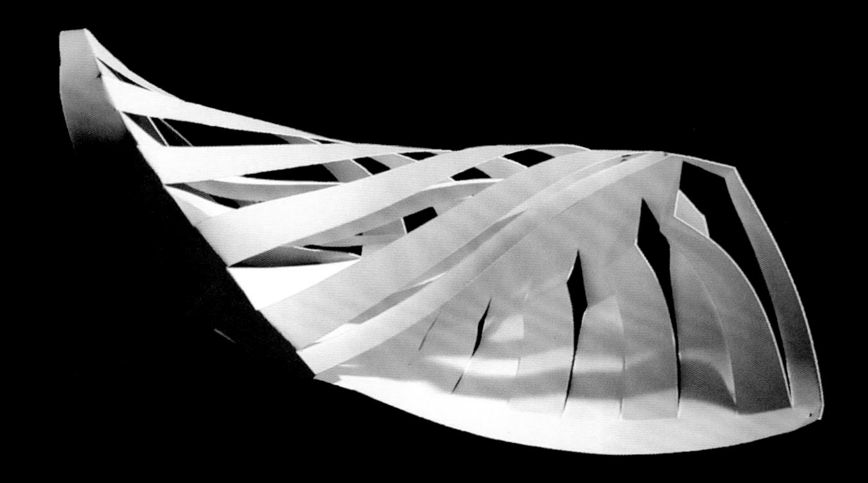

切割–折叠–包裹–铰接

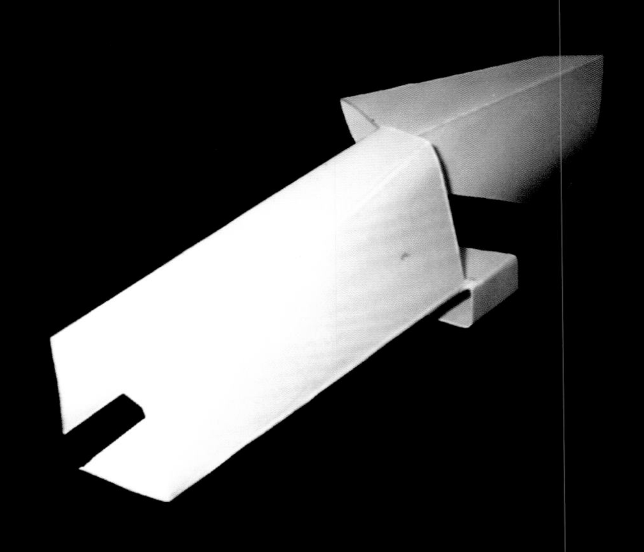

划线-切割-折叠-铰接

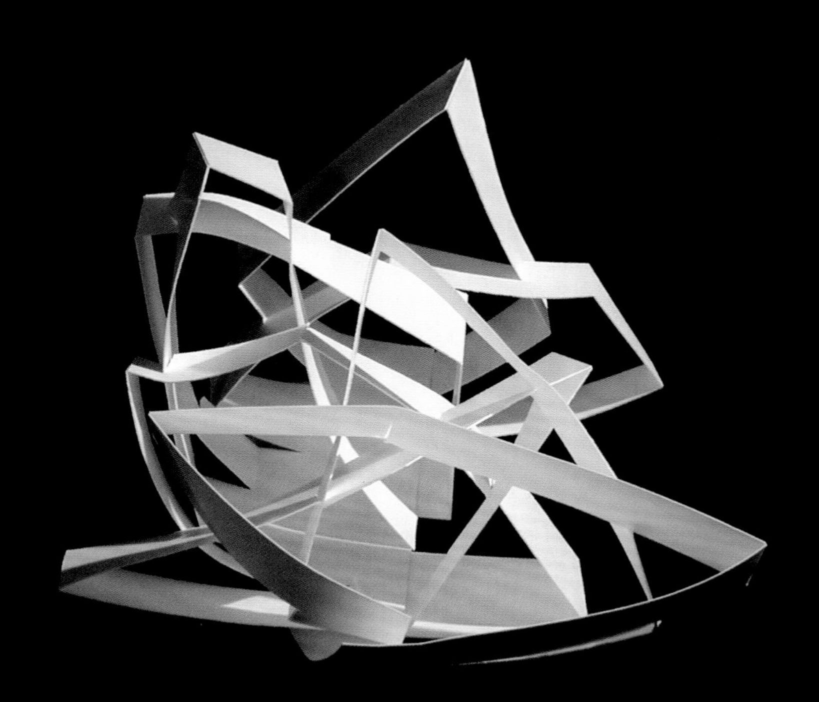

划线–切割–折叠–铰接

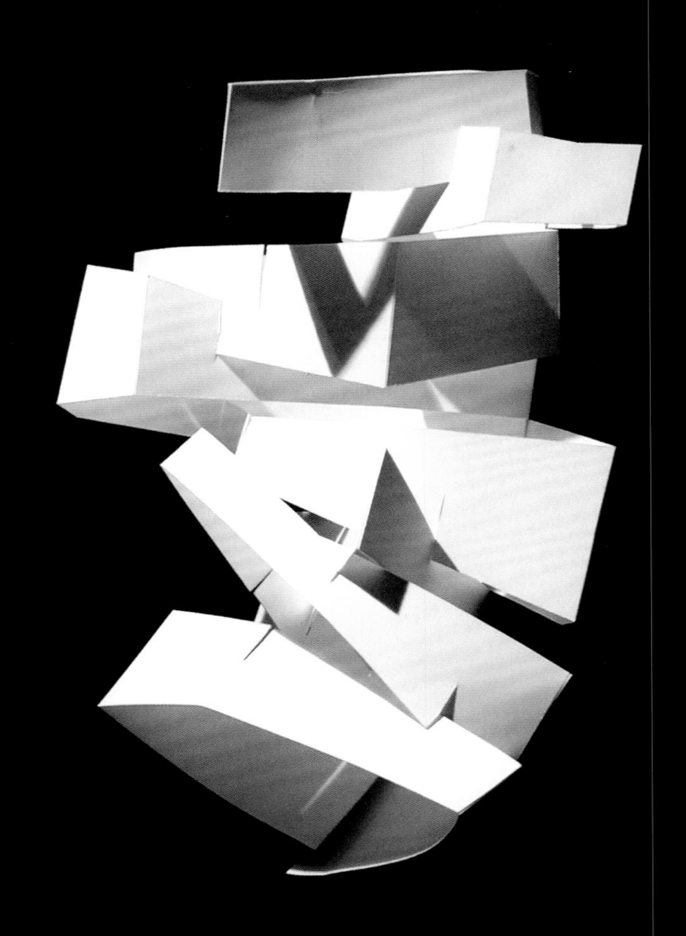

划线-切割-交错-铰接

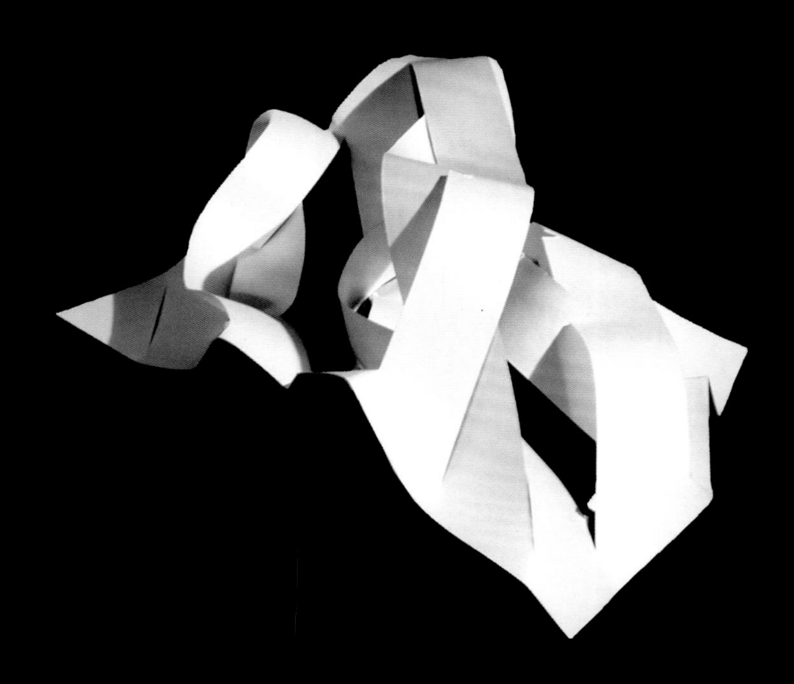

划线–切割–折叠–卷起–编织

划线–切割–折叠

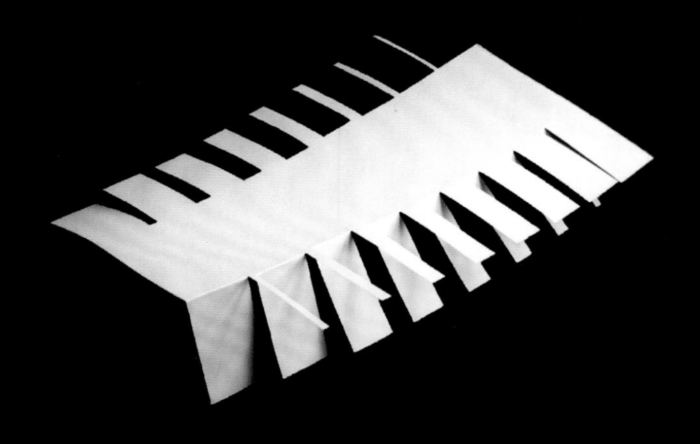

划线–切割–折叠

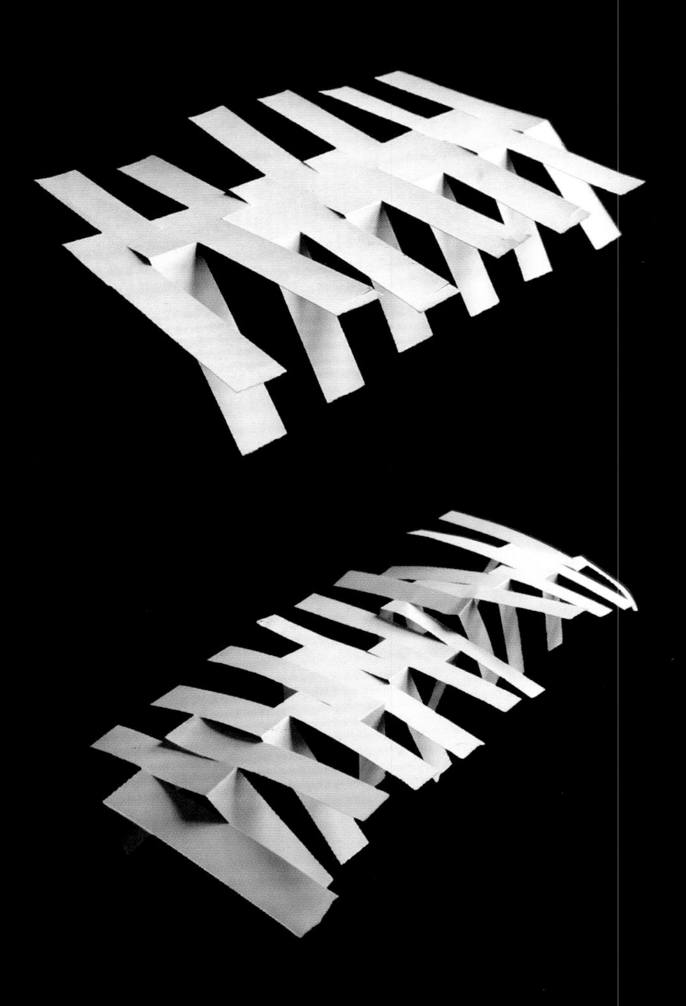

划线–切割–折叠

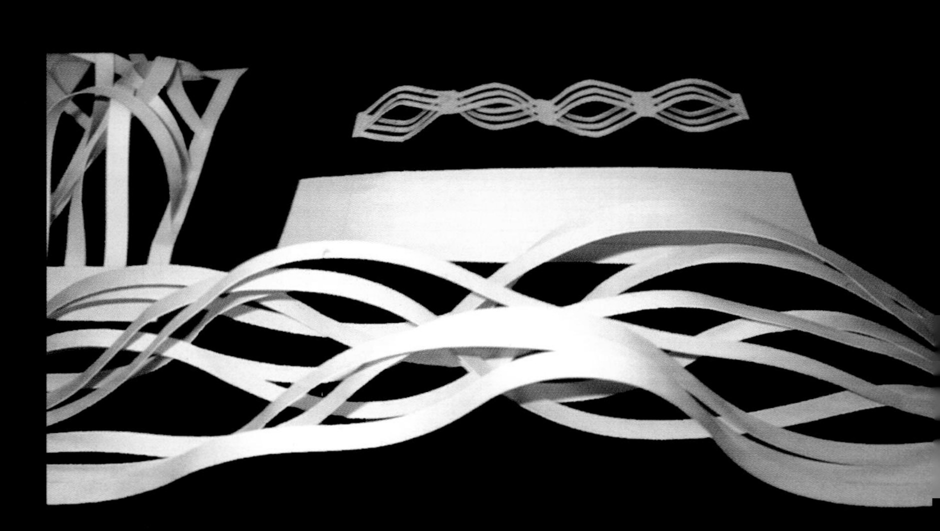

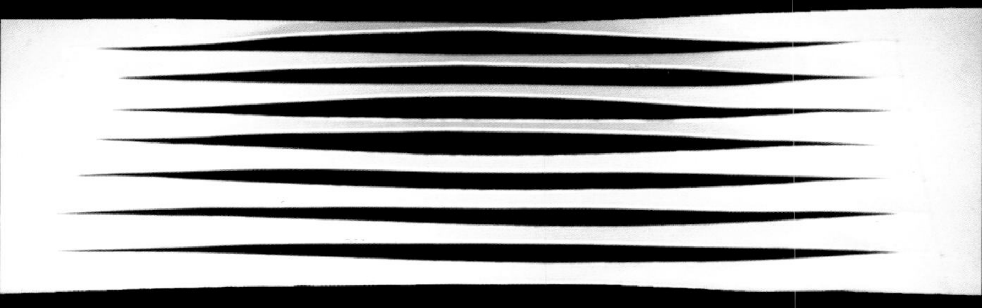

划线–切割–展开

划线–切割–展开–围合–铰接

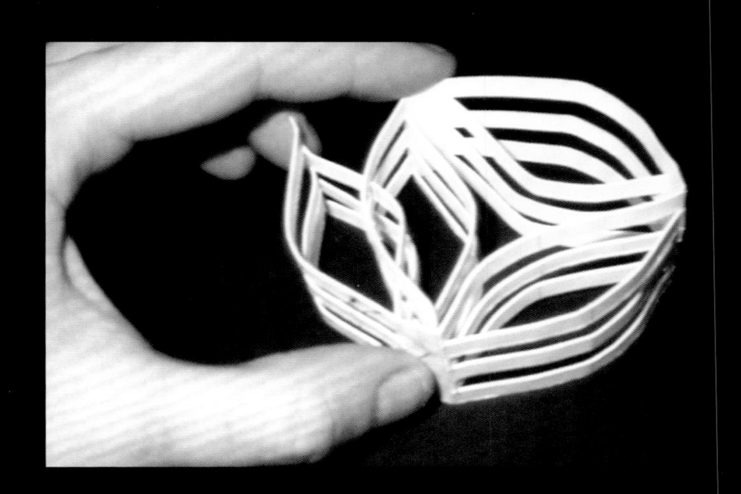

压痕–切割–折叠–挤压

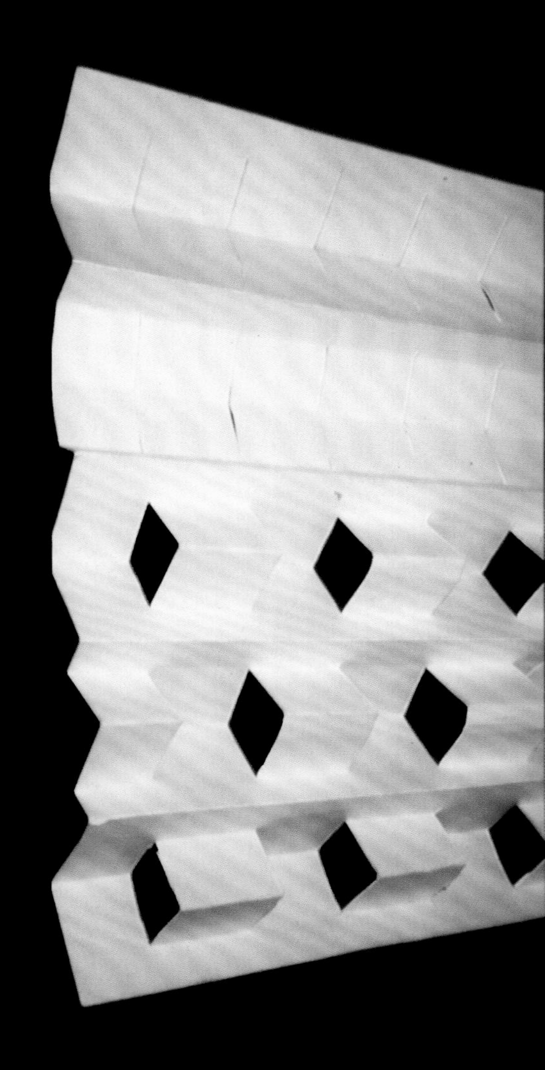

压痕–切割–折叠–挤压–折叠–铰接

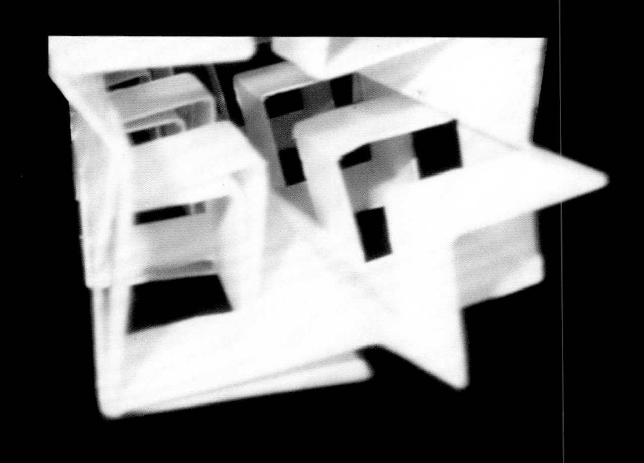

折叠–压痕–折叠–打裥

折叠–压痕–打裥–折叠

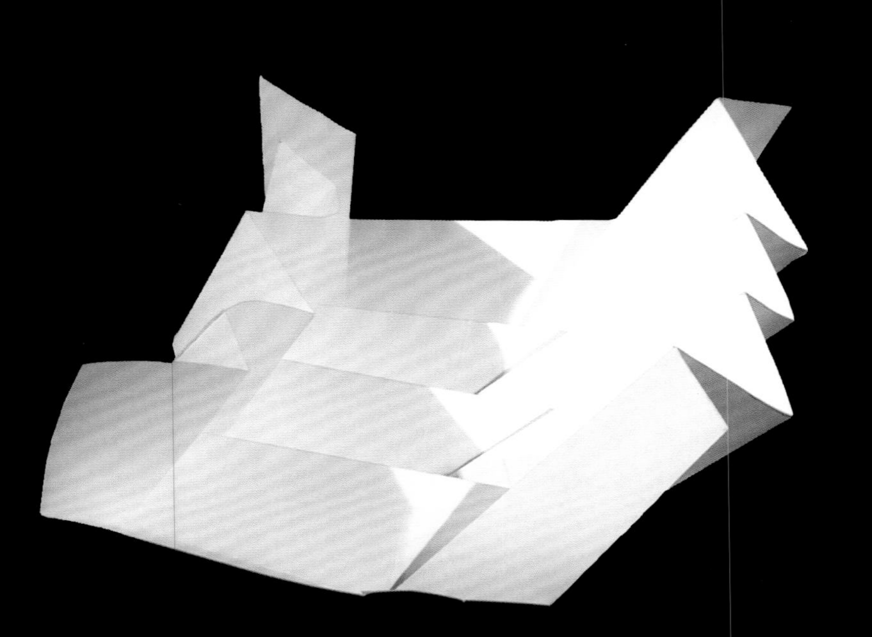

折叠–压痕–折叠–打裥

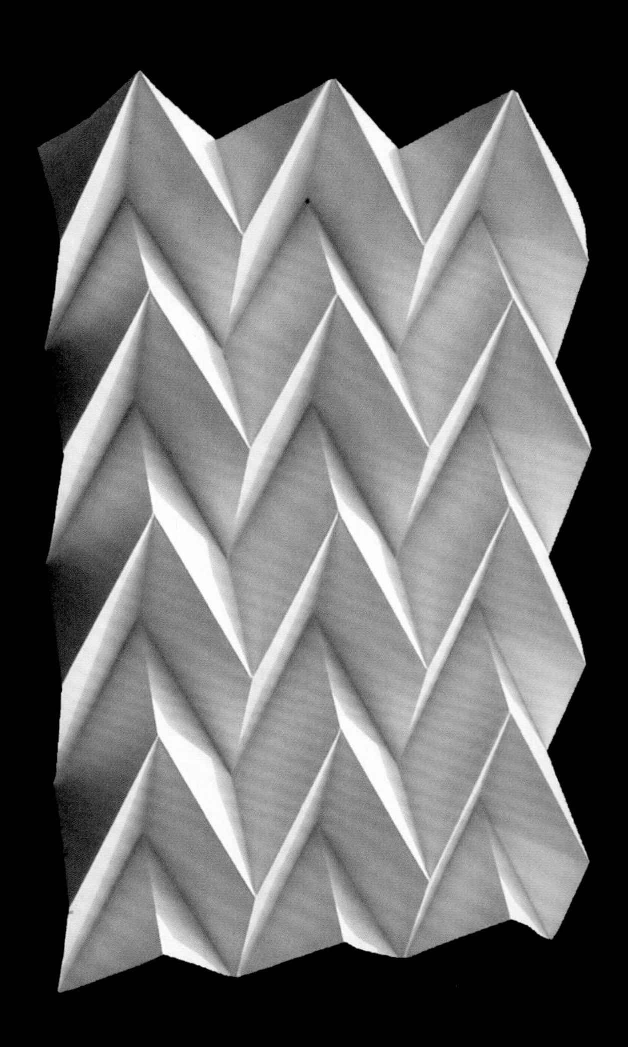

折叠–压痕–折叠–打裥

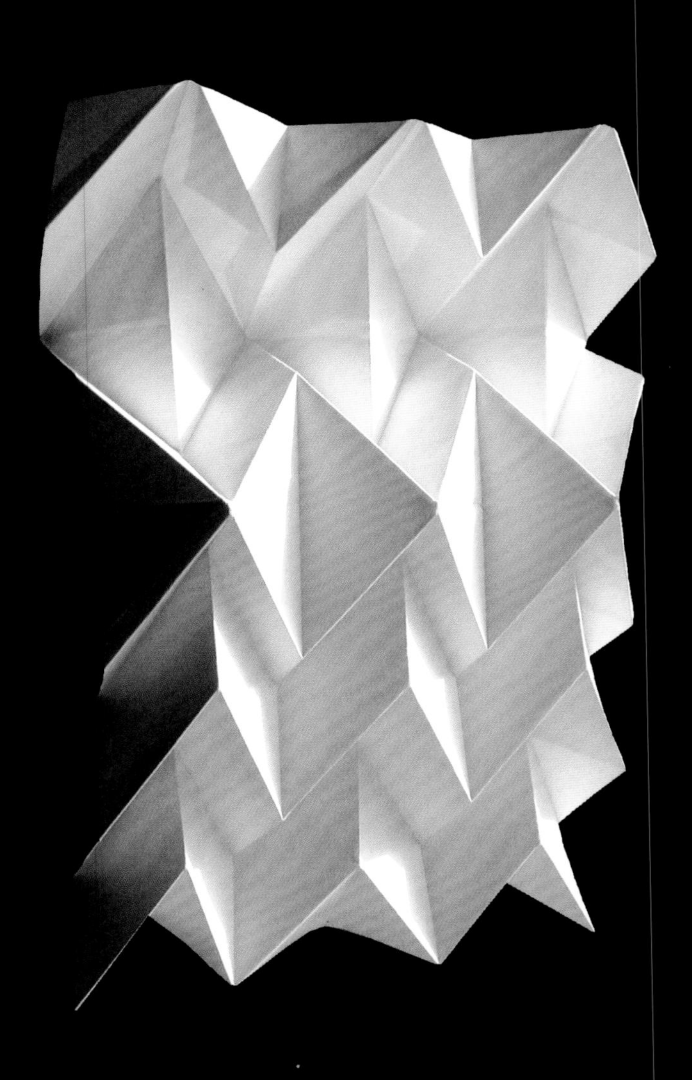

划线–压痕–折叠

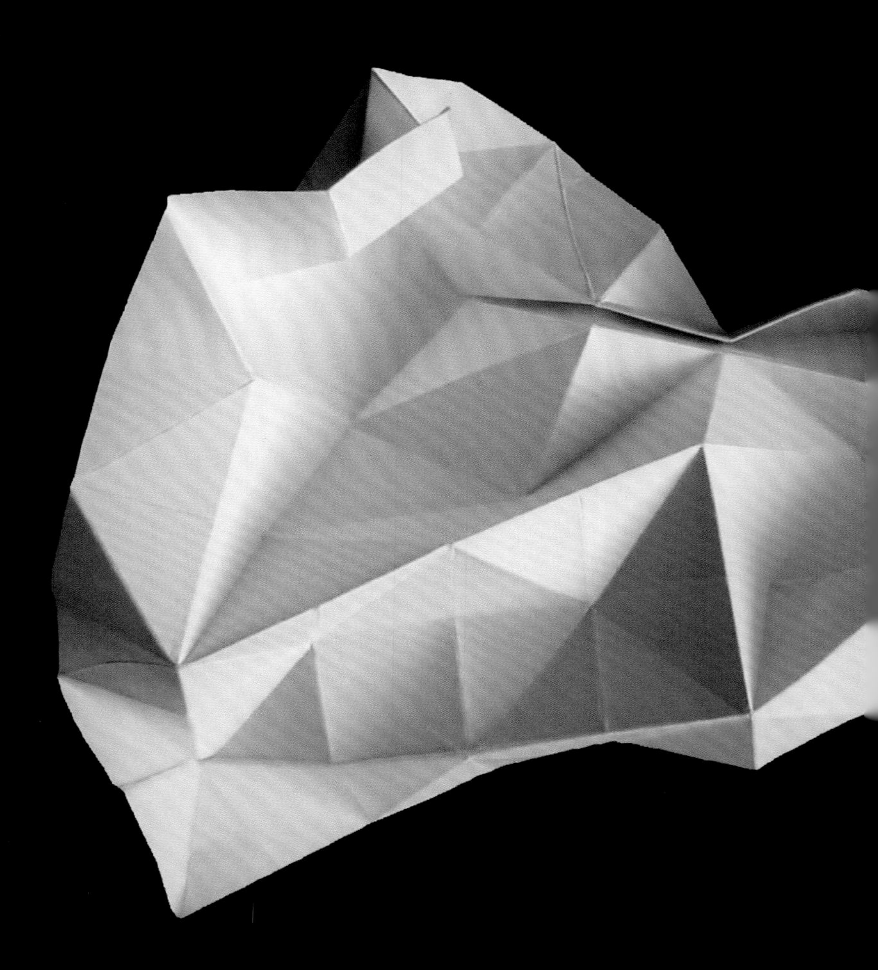

划线–压痕–折叠–挤压

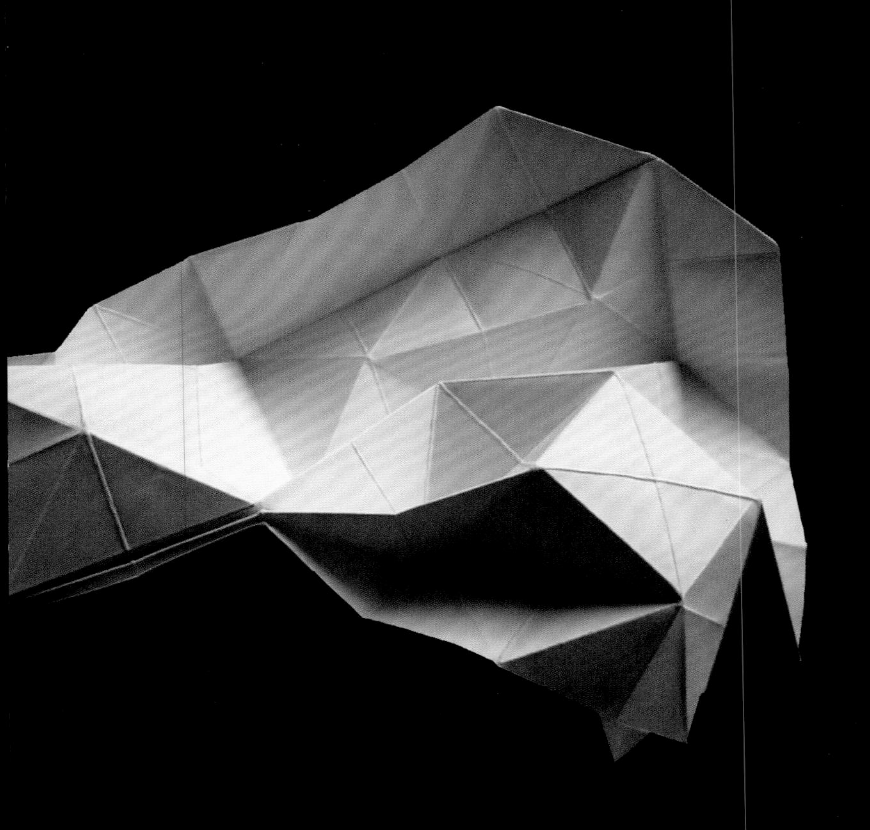

划线–压痕–折叠–展开

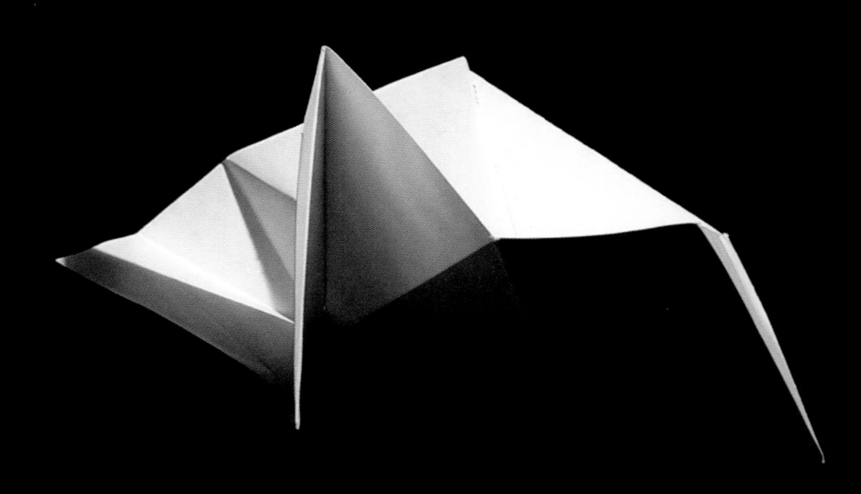

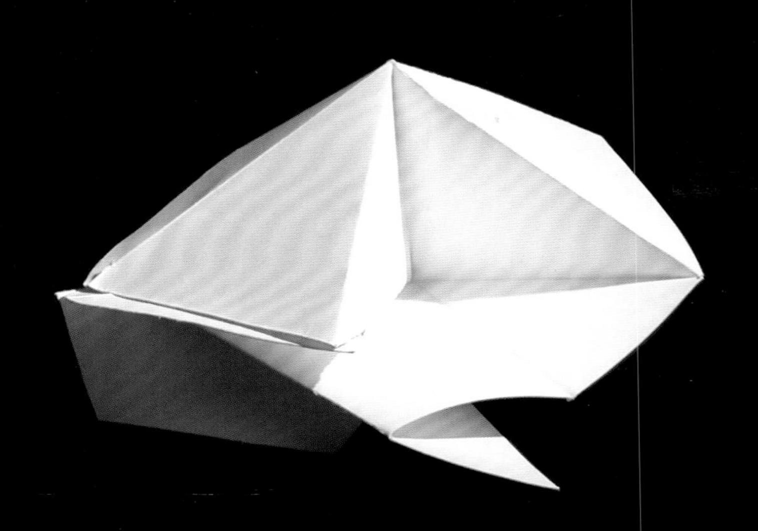

切割–折叠–压痕–切割–稳定

划线–切割–折叠–压痕–切割–稳定

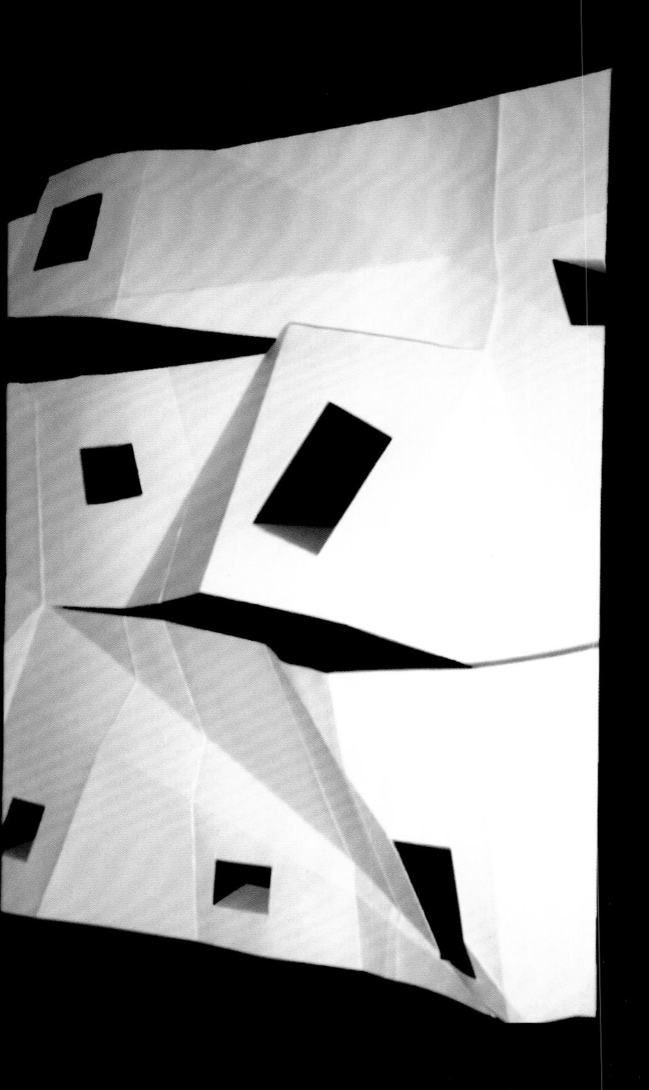

划线-切割-折叠-稳定

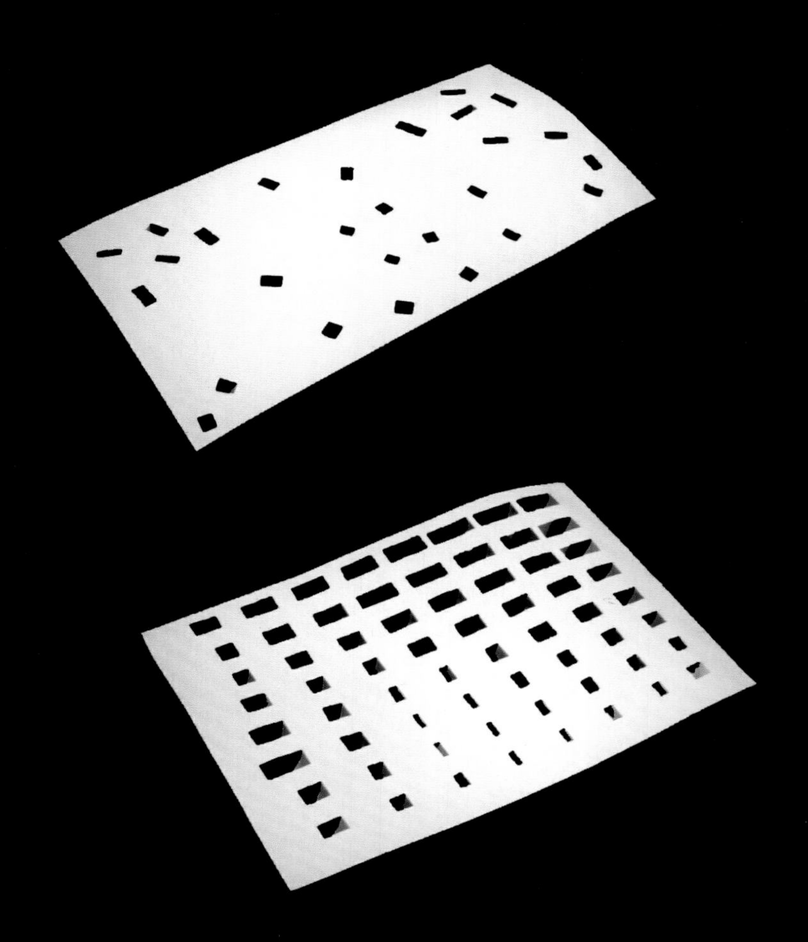

划线–切割–折叠–稳定–压痕

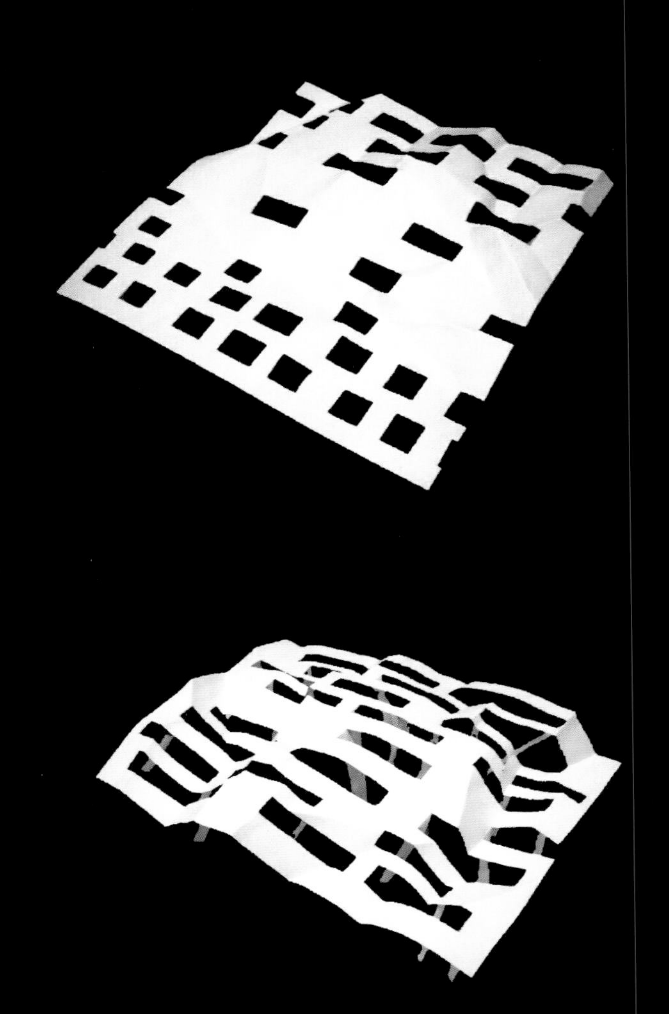

阶段 2

算法

Algorithms

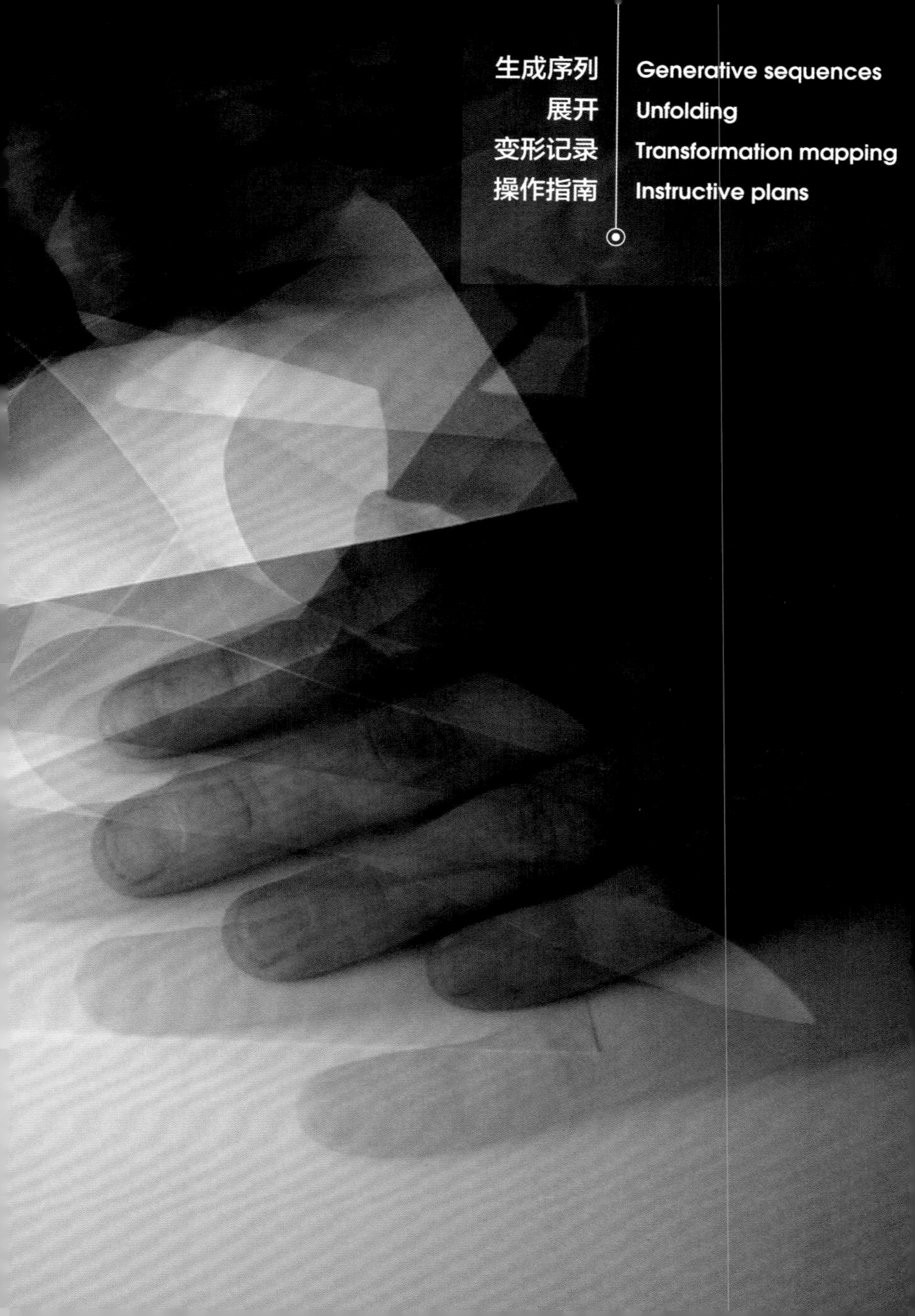
生成序列 Generative sequences
展开 Unfolding
变形记录 Transformation mapping
操作指南 Instructive plans

生成序列

生成序列

鱼骨纹：折叠

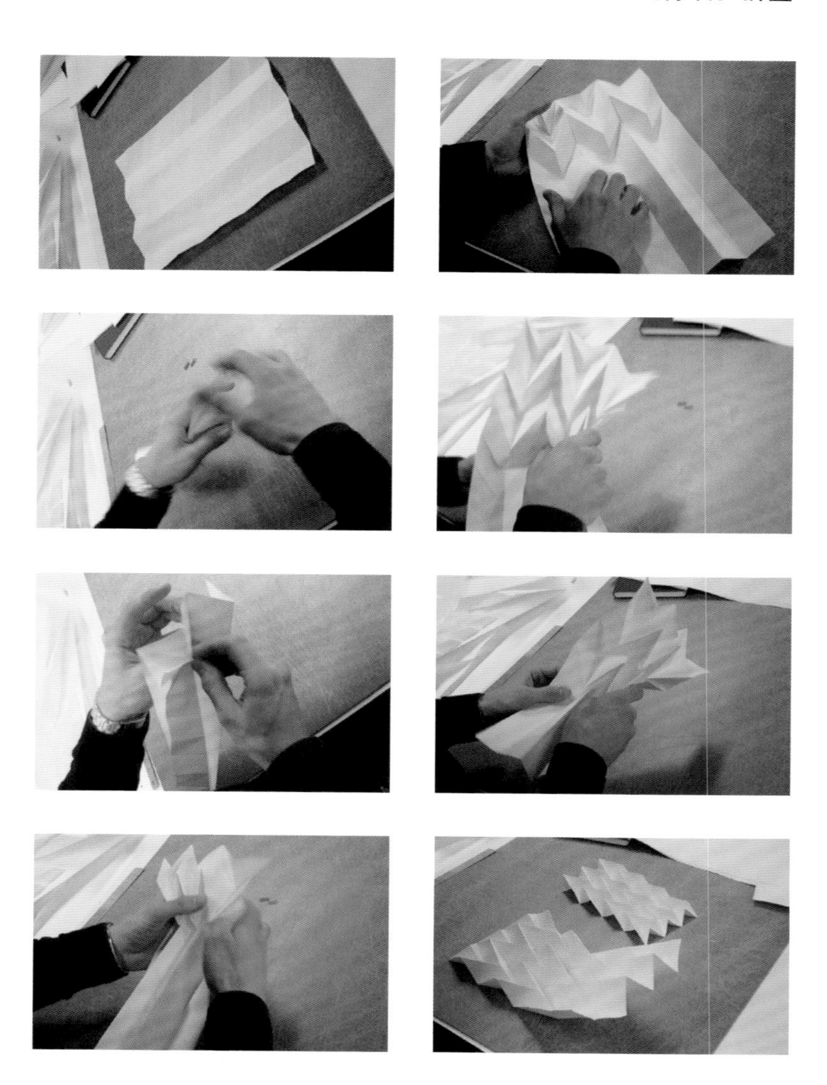

生成序列

巴斯·罗真比克的作品

展开：划线–切割–折叠–穿过

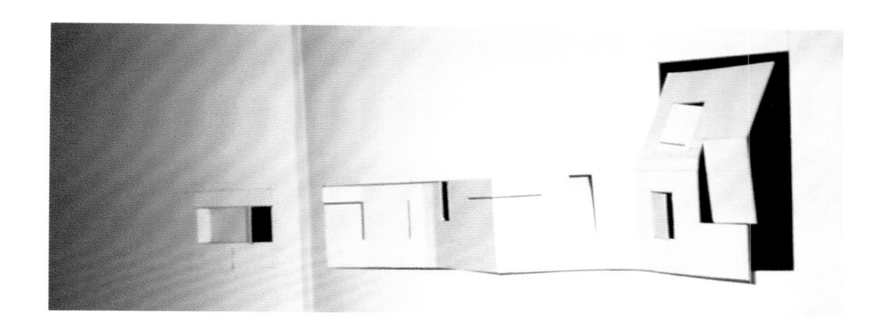

马库斯·布特维戈的作品

流线形：划线–展开

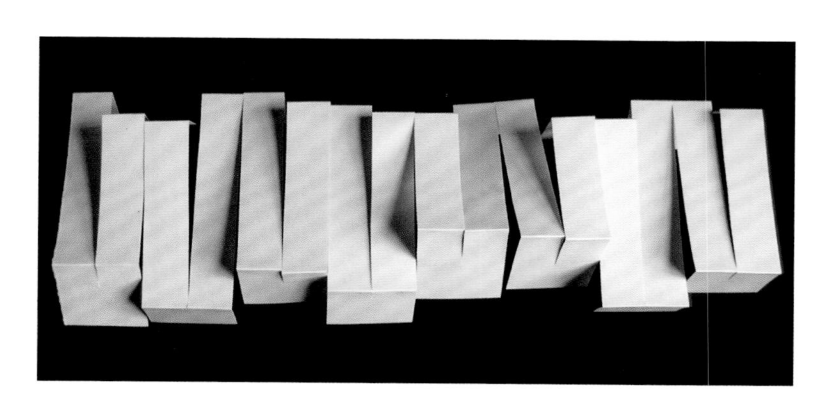

马库斯·布特维戈的作品

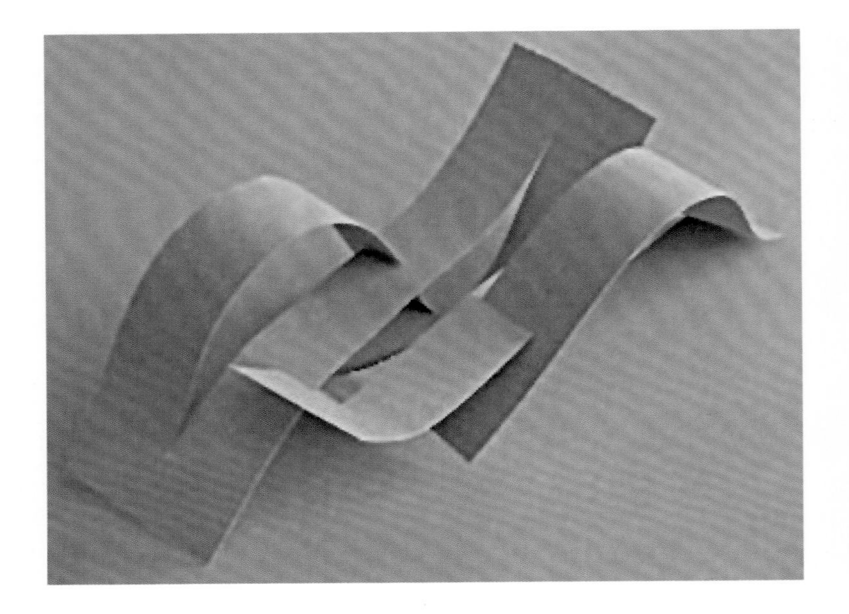

流线形：推挤的顺序

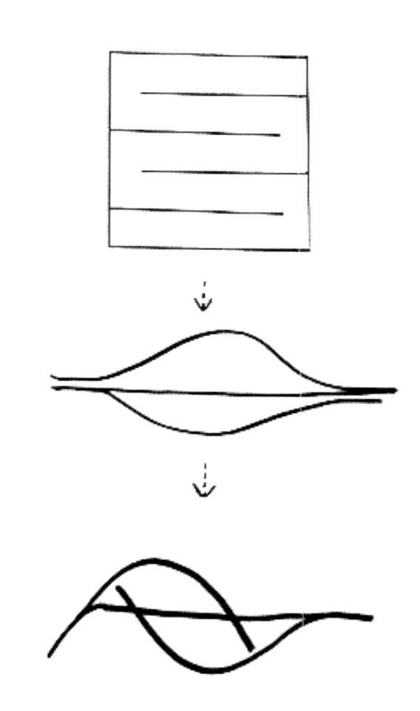

安德烈亚斯·洛基特克的作品制作过程

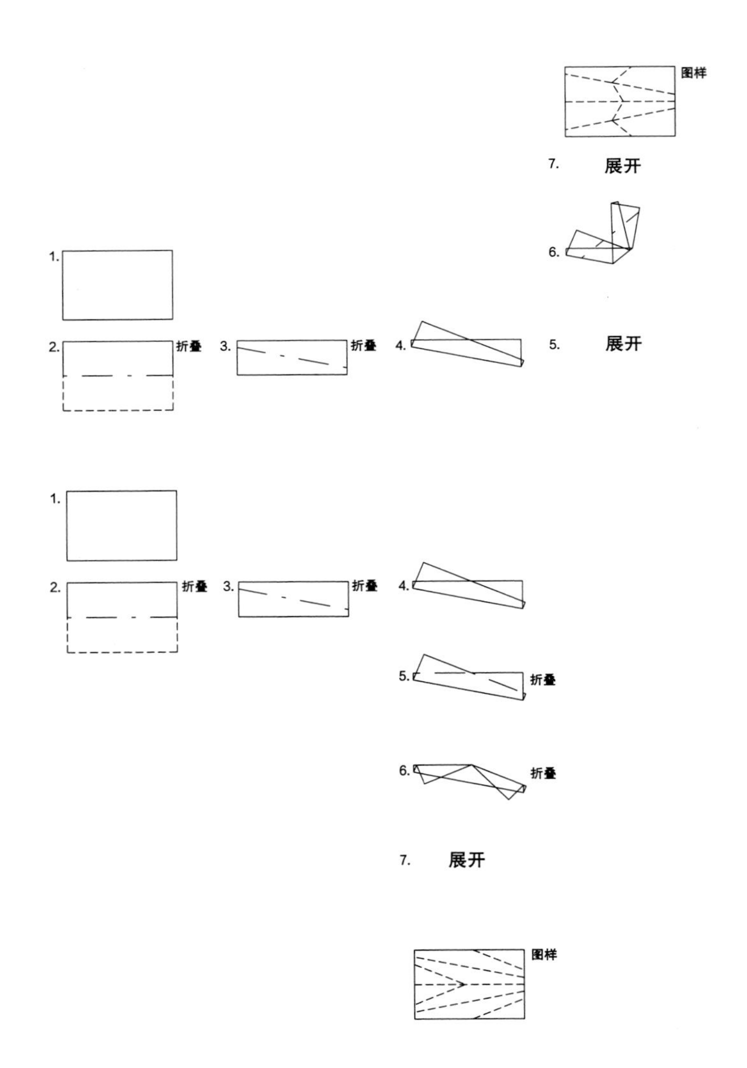

展开作品

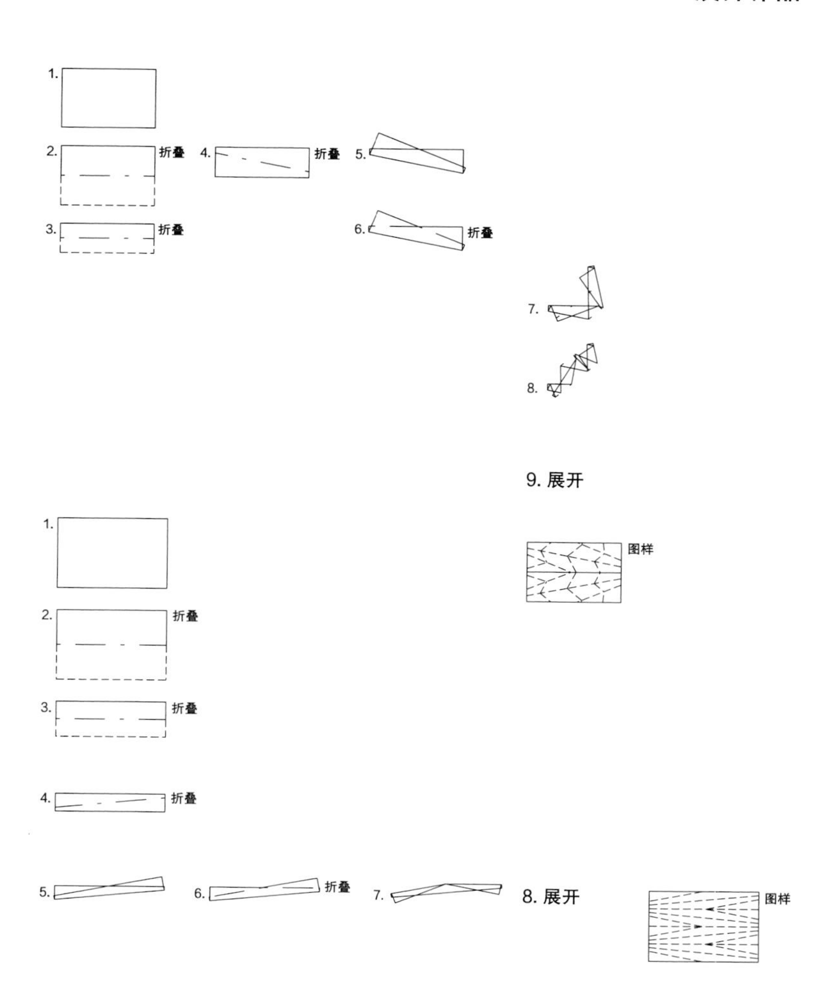

奥菲丽·赫兰兹与保罗·加林多的作品

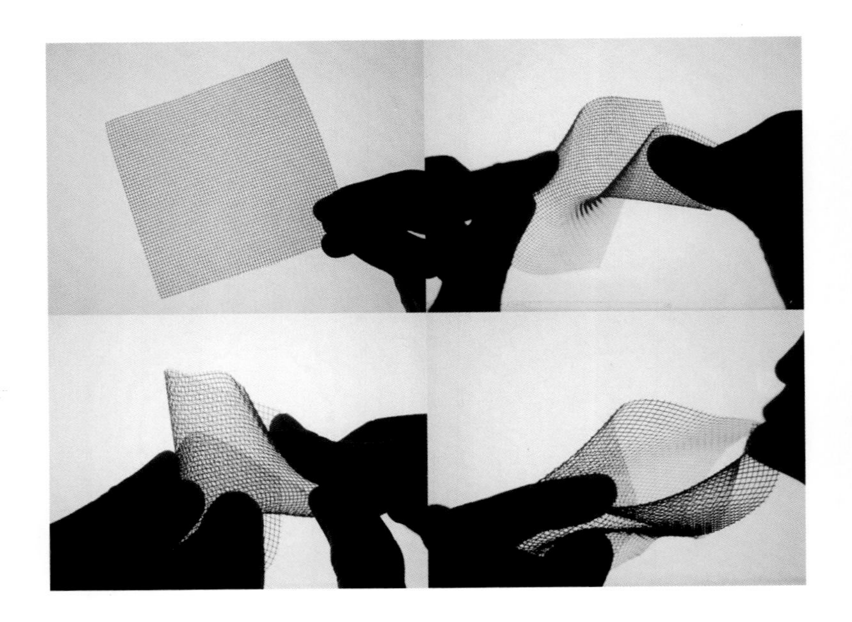

变形记录

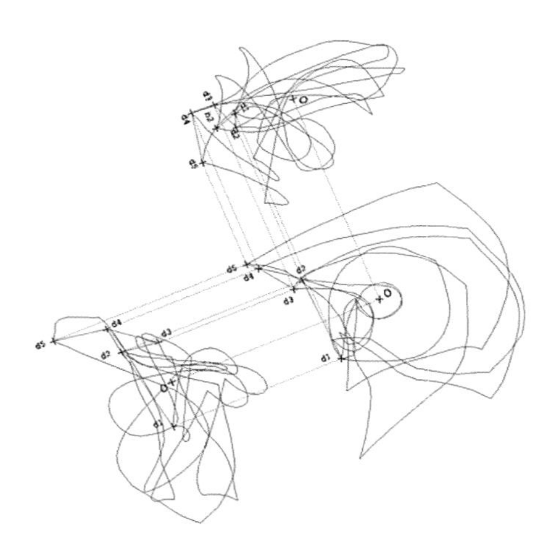

点d的运动轨迹

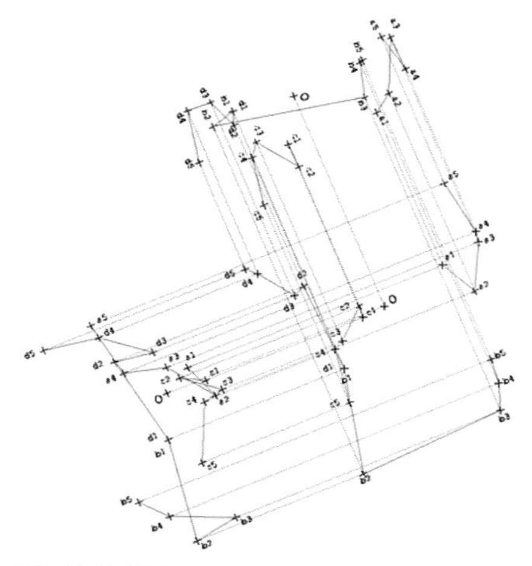

所有点的运动轨迹

巴斯·沃格普尔的作品

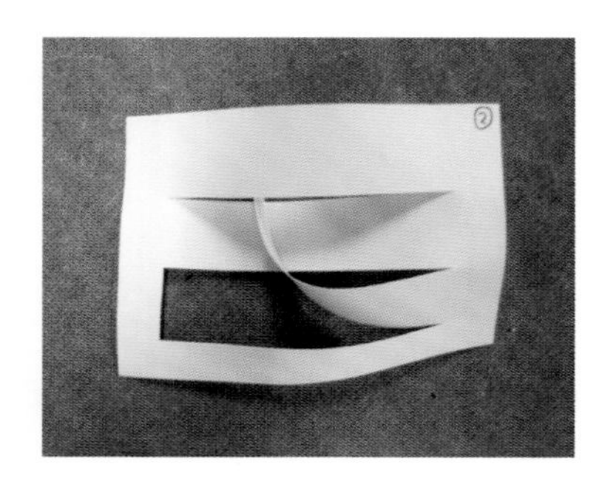

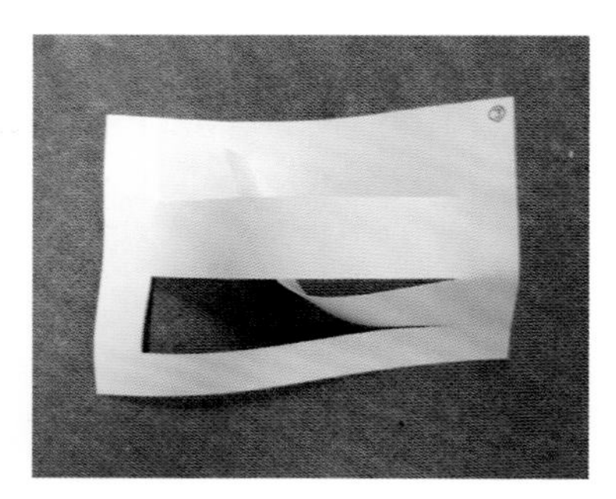

穿过：强化技巧–具有很大的变动性

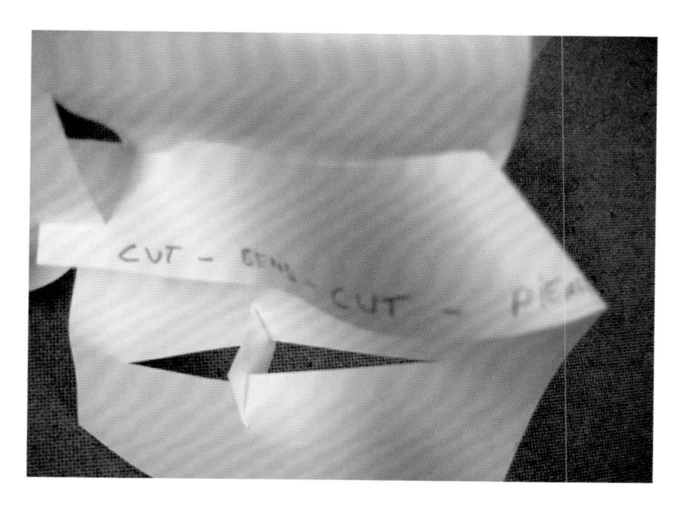

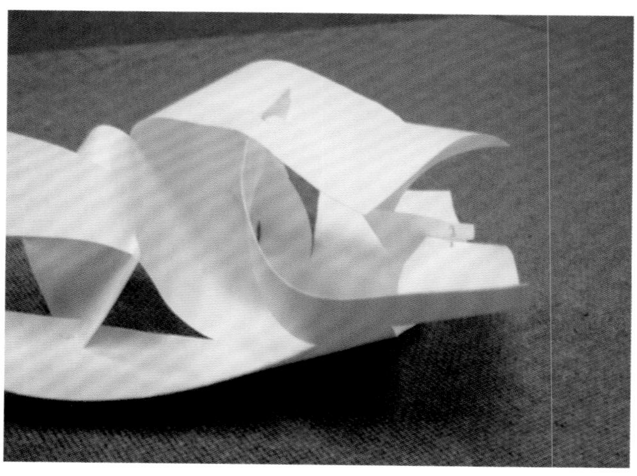

巴斯·沃格普尔的作品

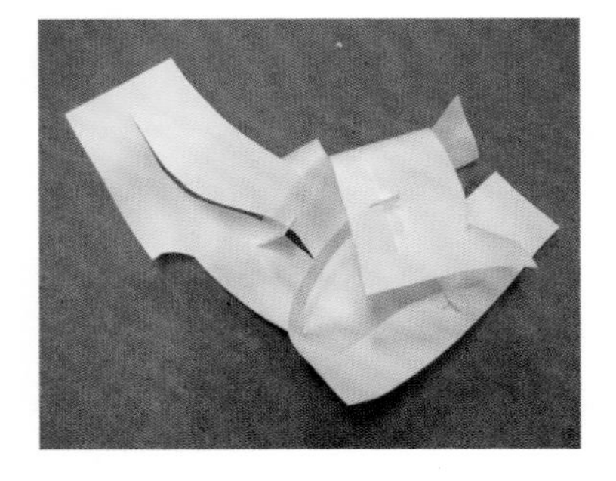

1		
	-180	-180
	-90	-45
	-90	-45

2		
	-90	-15
	0	-90
	90	0

3		
	-180	-10
	-90	-90
	0	-10

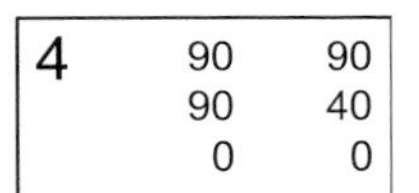

4		
	90	90
	90	40
	0	0

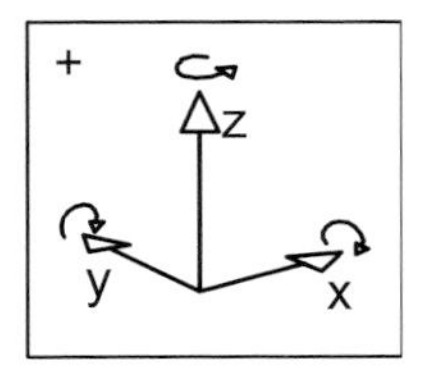

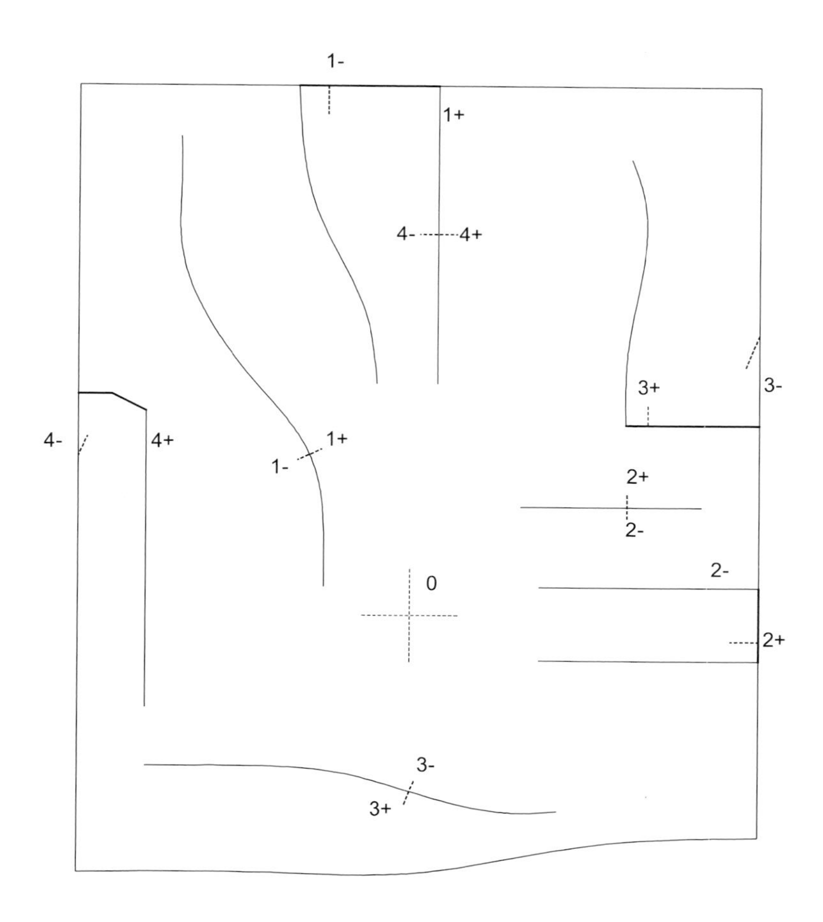
1-
1+
4-
4+
3+
3-
4-
4+
1+
1-
2+
2-
2-
0
2+
3-
3+

辛迪・沃特尔斯的作品

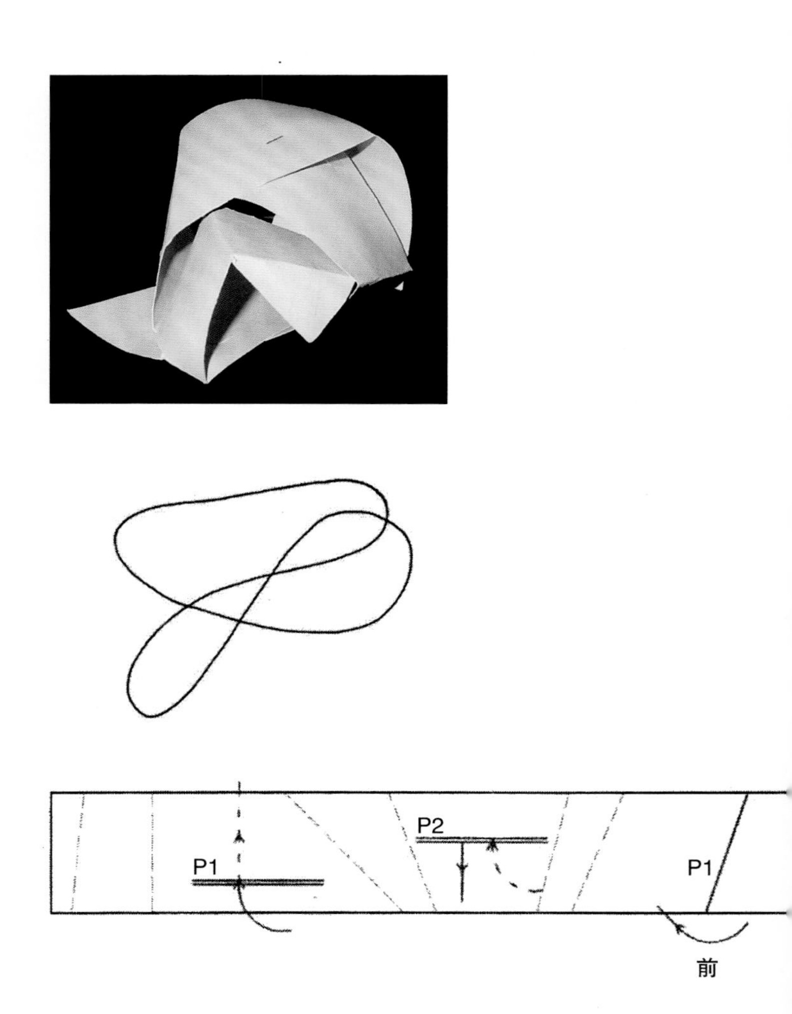

打结的纸条：操作指南

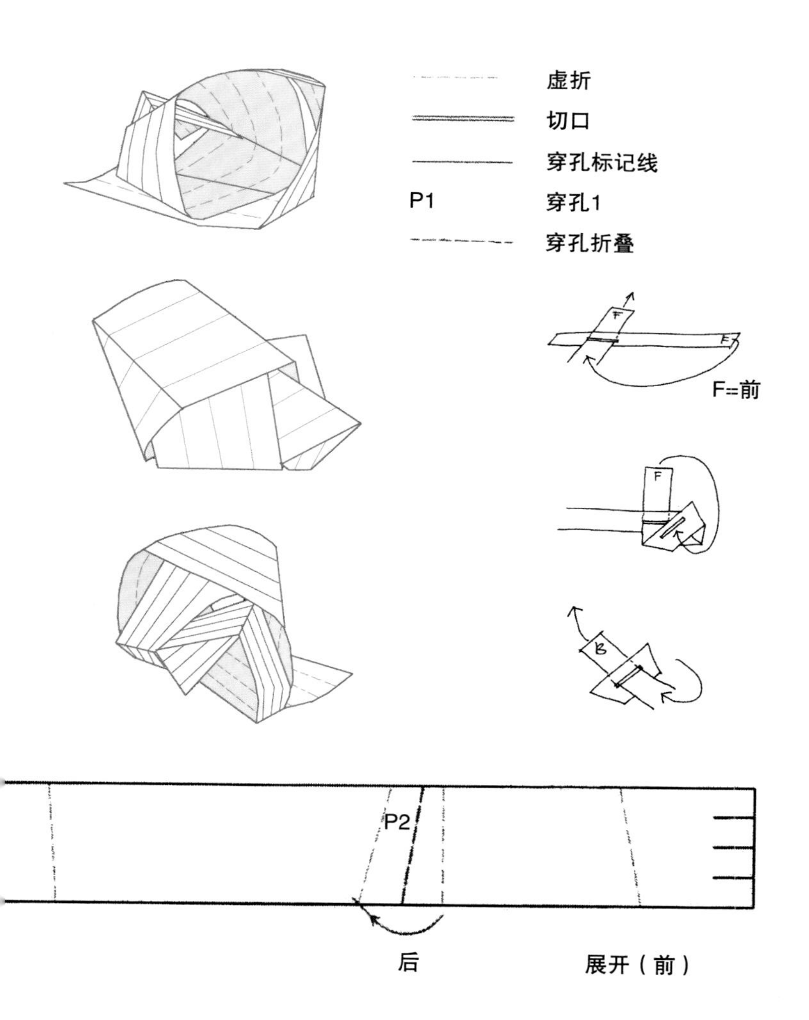

虚折
切口
穿孔标记线
P1
穿孔1
穿孔折叠
F
F
F==前
F
B
P2
后
展开（前）

马格纳斯・布约克曼的作品

倾斜剖面：变形明细

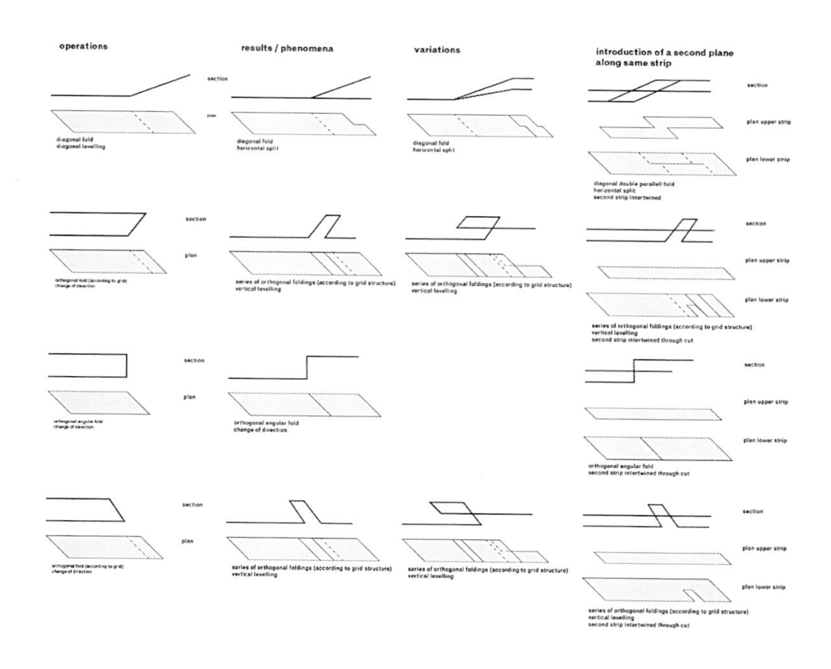

operations
results / phenomena
variations
introduction of a second plane
along same strip
section
plan
diagonal fold
diagonal levelling
diagonal fold
horizontal split
diagonal fold
horizontal split
section
plan upper strip
plan lower strip
diagonal double parallell fold
horizontal split
second strip intertwined
section
plan
orthogonal fold (according to grid)
change of direction
series of orthogonal foldings (according to grid structure)
vertical levelling
series of orthogonal foldings (according to grid structure)
vertical levelling
section
plan upper strip
plan lower strip
series of orthogonal foldings (according to grid structure)
vertical levelling
second strip intertwined through cut
section
plan
orthogonal angular fold
change of direction
orthogonal angular fold
change of direction
section
plan upper strip
plan lower strip
orthogonal angular fold
second strip intertwined through cut
section
plan
orthogonal fold (according to grid)
change of direction
series of orthogonal foldings (according to grid structure)
vertical levelling
series of orthogonal foldings (according to grid structure)
vertical levelling
section
plan upper strip
plan lower strip
series of orthogonal foldings (according to grid structure)
vertical levelling
second strip intertwined through cut

阶段 3

空间、结构和组织图解

Spatial, Structural and Organizational Diagrams

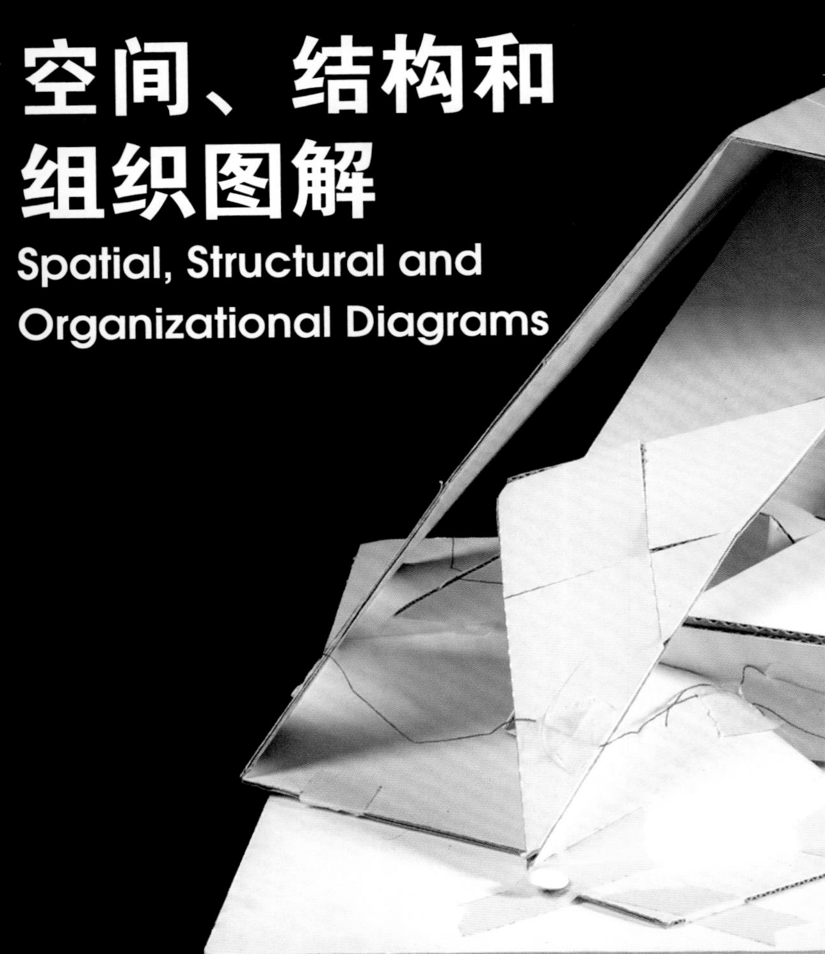

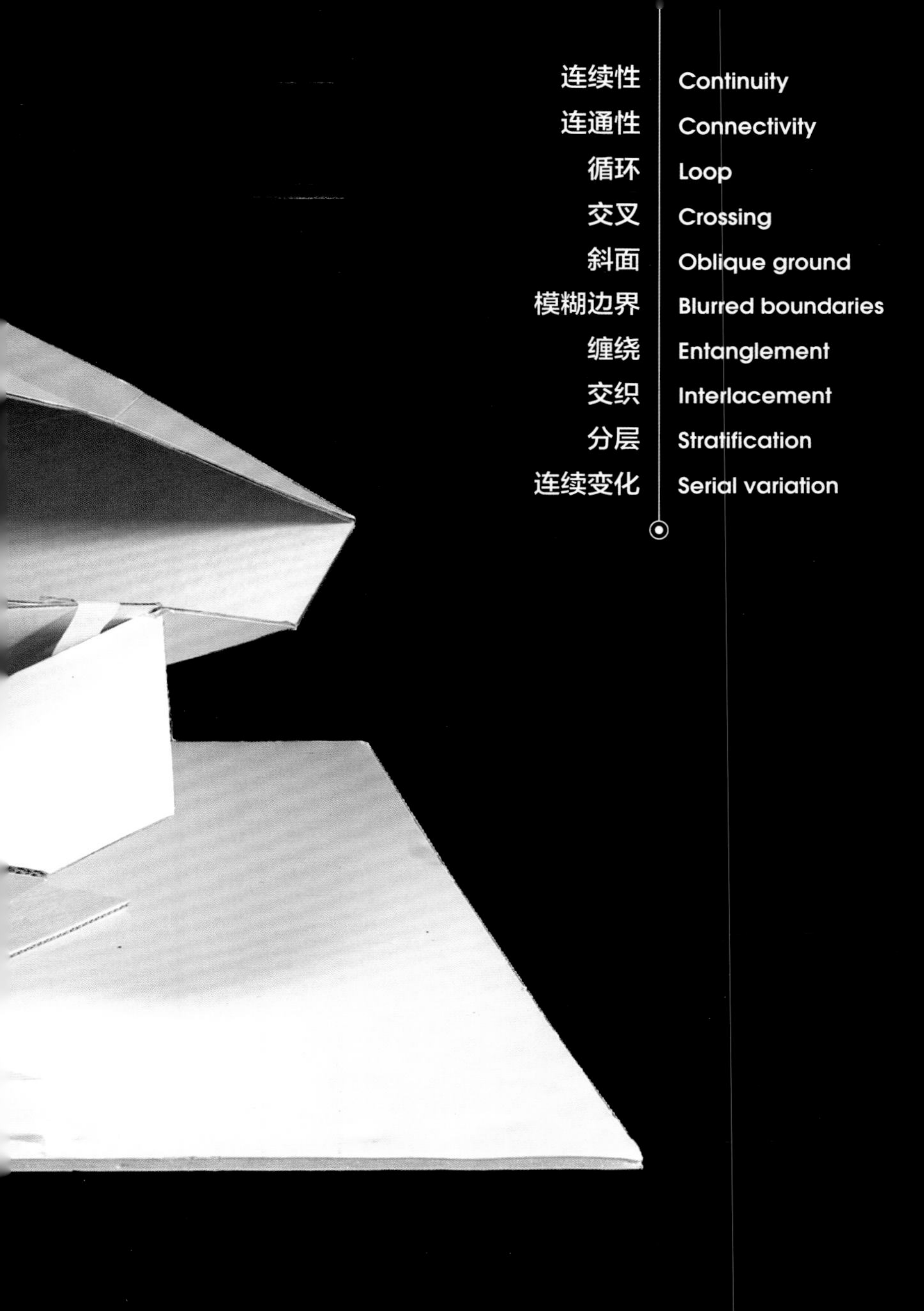

连续性 Continuity
连通性 Connectivity
循环 Loop
交叉 Crossing
斜面 Oblique ground
模糊边界 Blurred boundaries
缠绕 Entanglement
交织 Interlacement
分层 Stratification
连续变化 Serial variation

提吉斯・普雷斯的作品

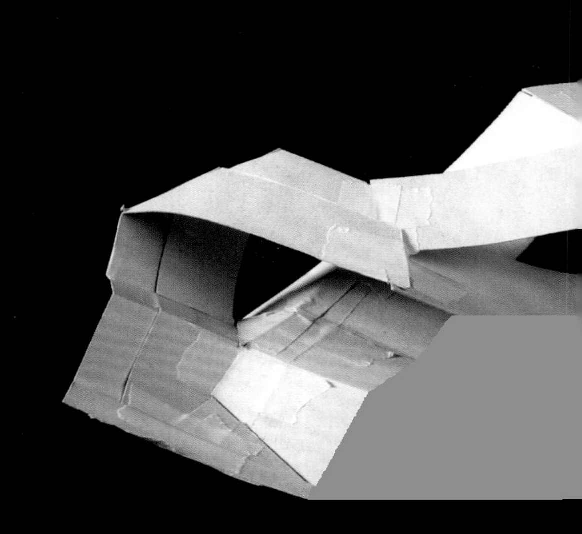

缠绕-连通性

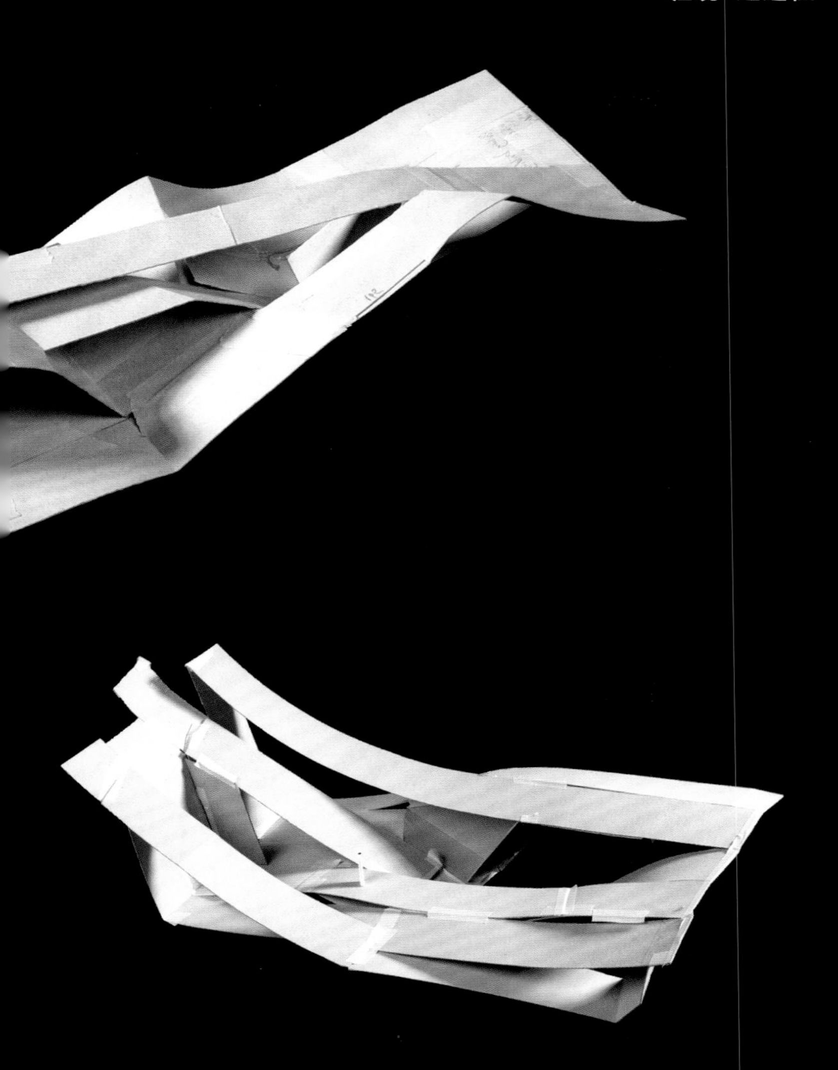

弗雷德里克·莱斯的作品

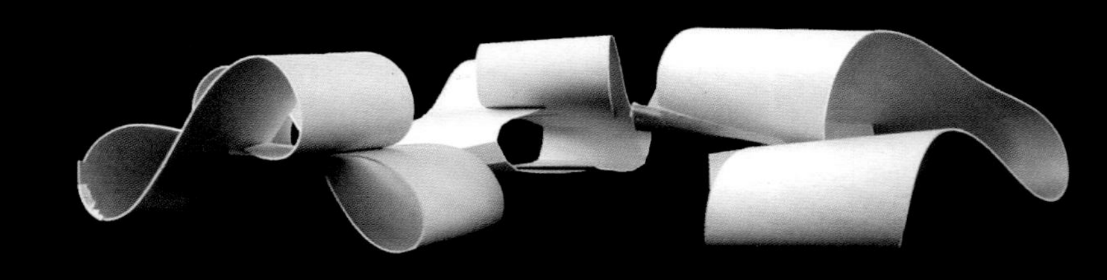

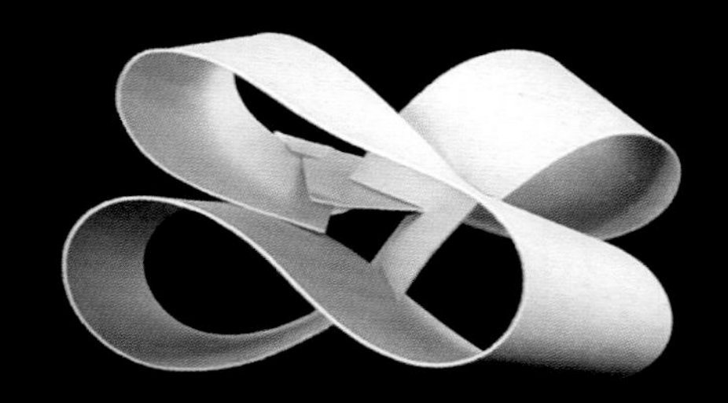

连续性–交叉

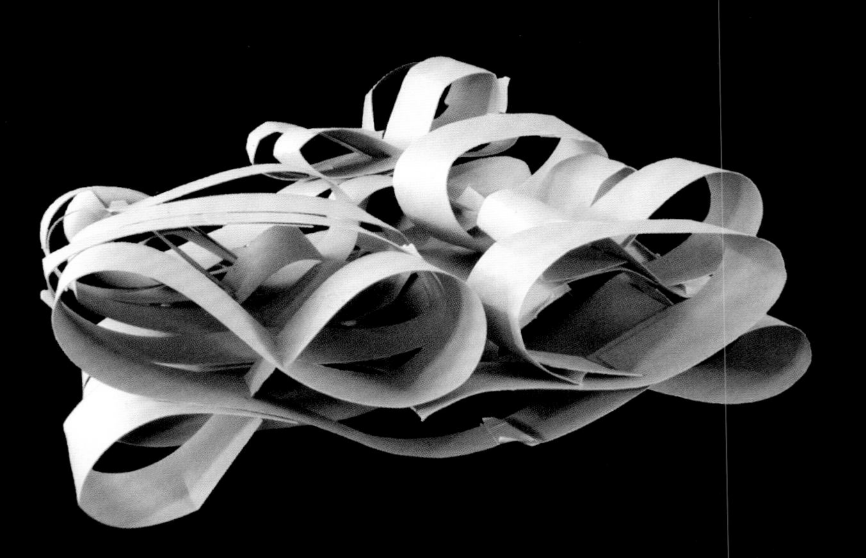

弗雷德里克·莱斯的作品

循环-交叉

丹尼尔・诺雷尔的作品

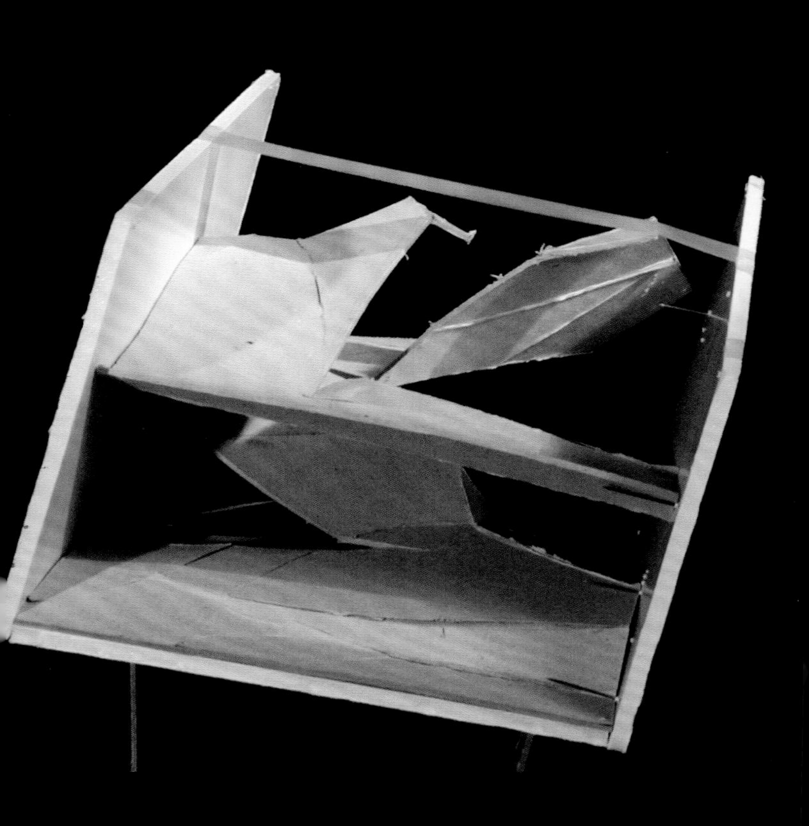

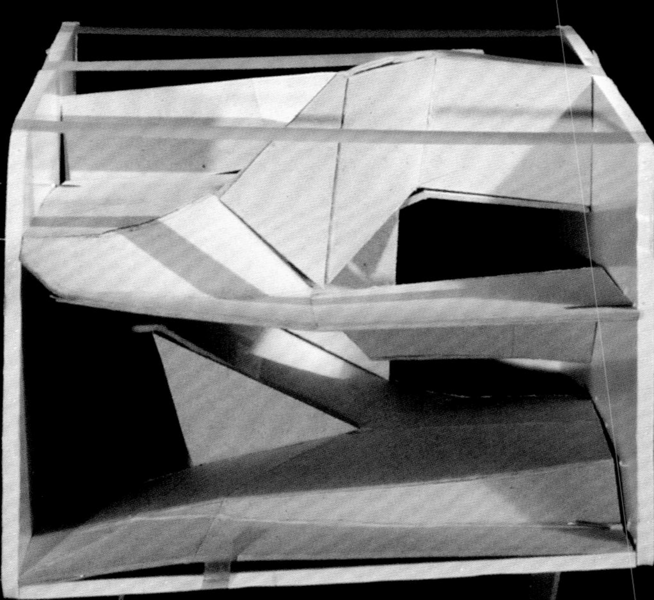

福克·范·迪克的作品

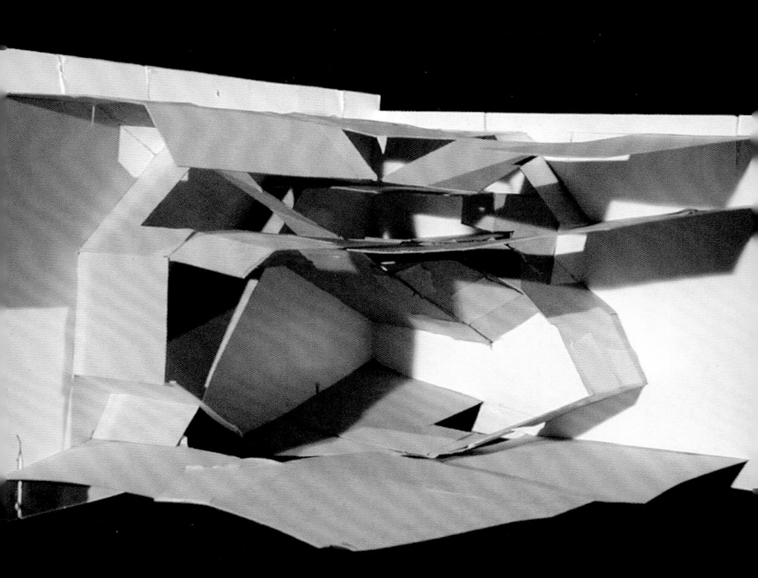

约翰・赛德洛夫的作品

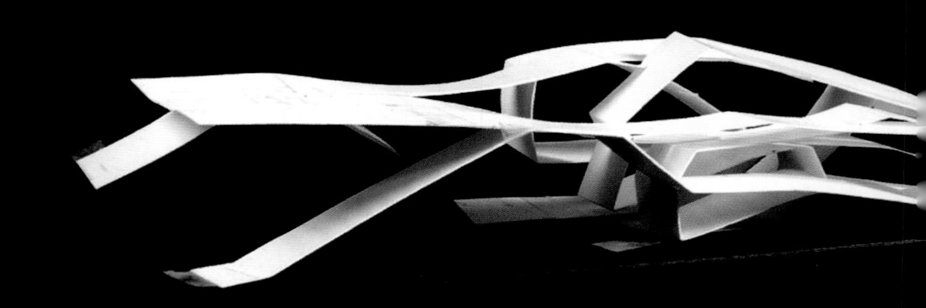

约翰·赛德洛夫的作品

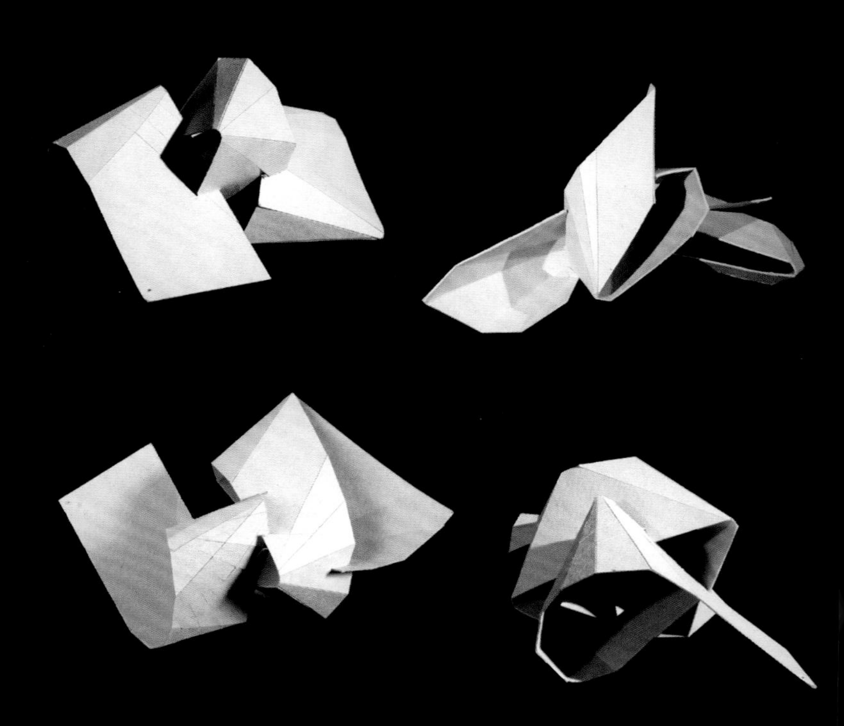

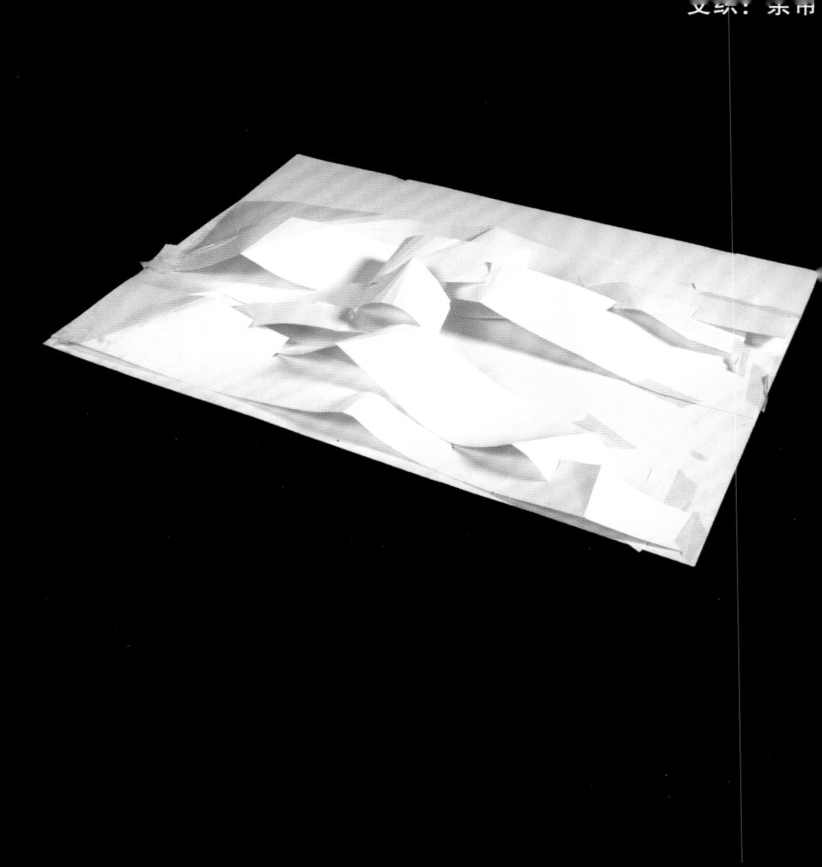

wave + spirals

end of the highway

northern light

direct

lost

宋斯特・范・博克霍尔德的作品

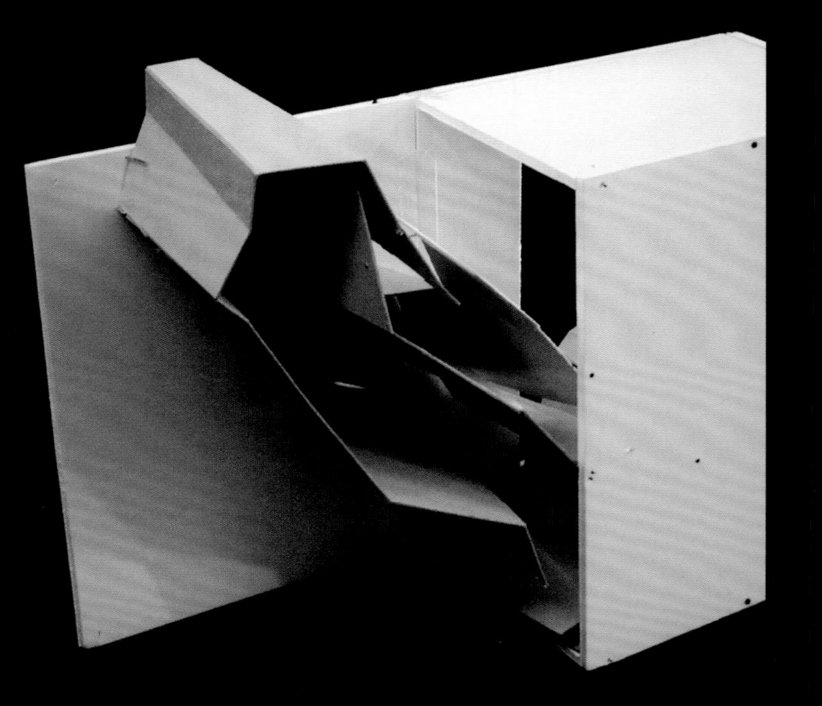

分层：表皮

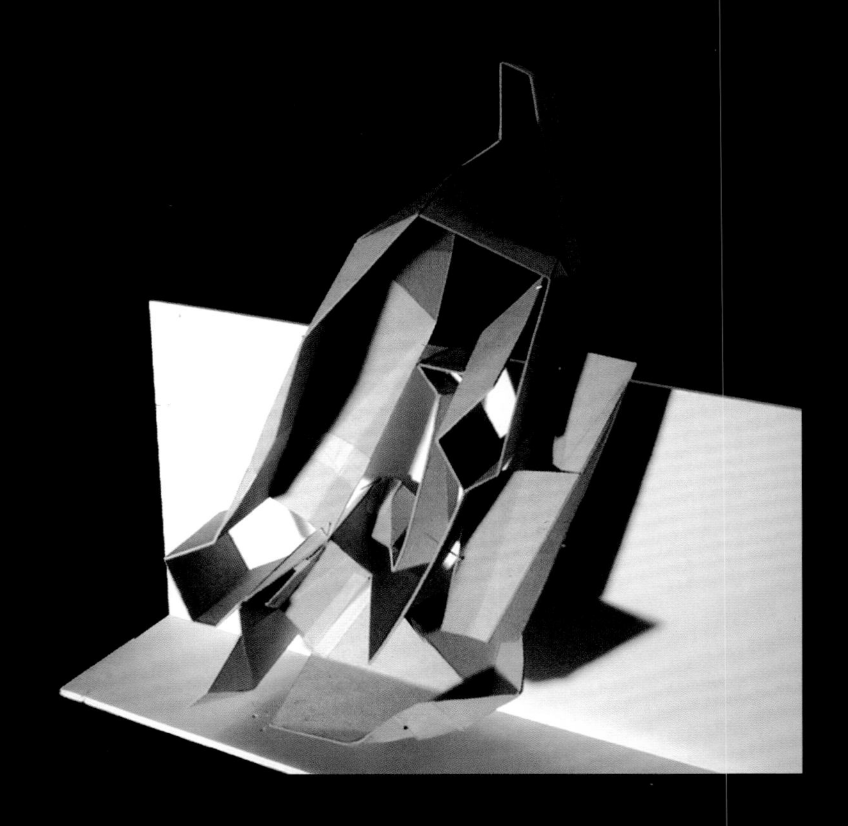

特莱因·邦恩的作品

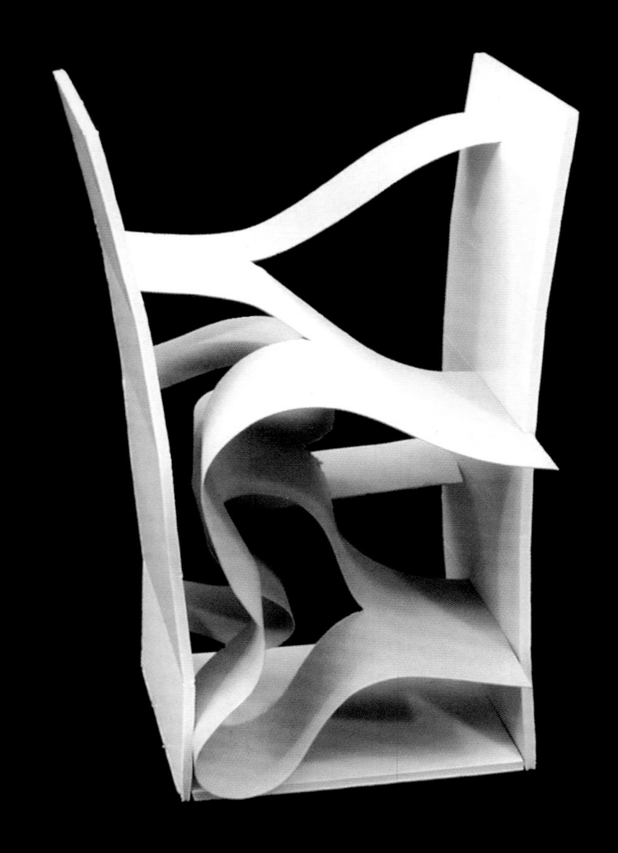

连通性–连续变化

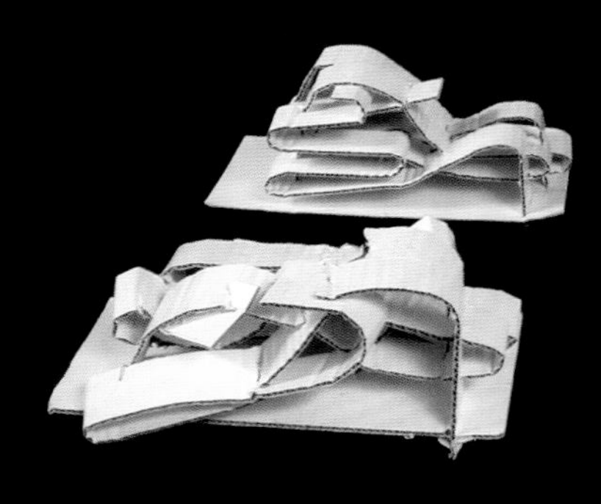

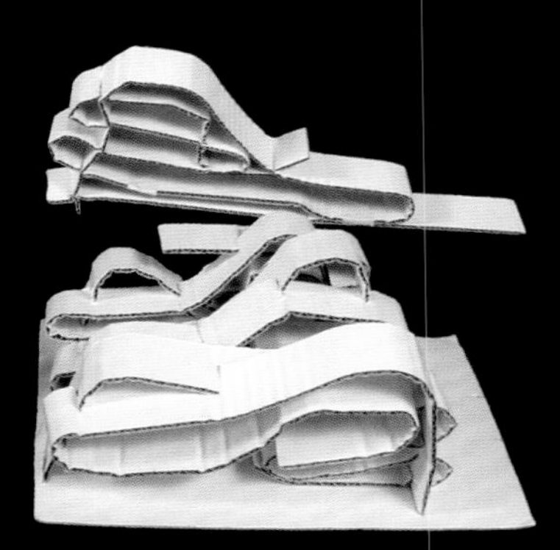

杰罗姆·兹瓦特的作品

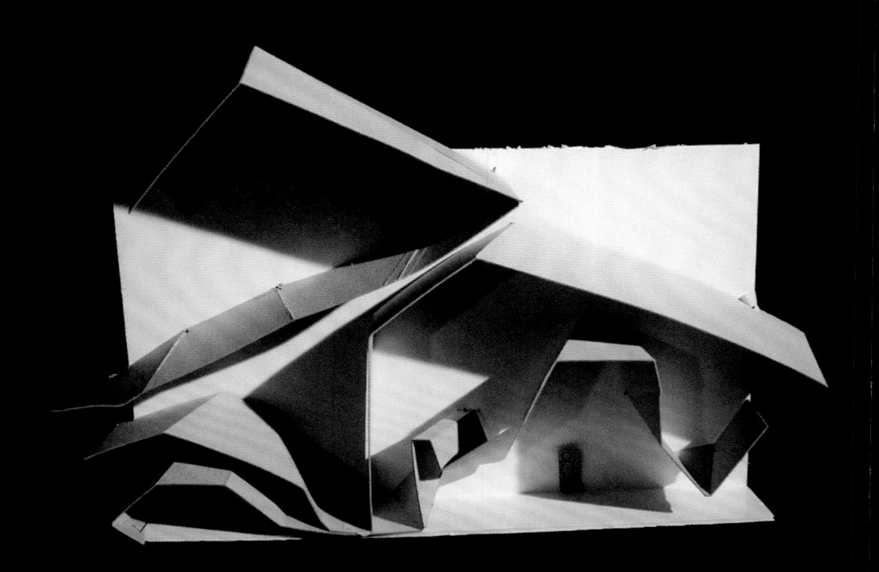

分层–斜面

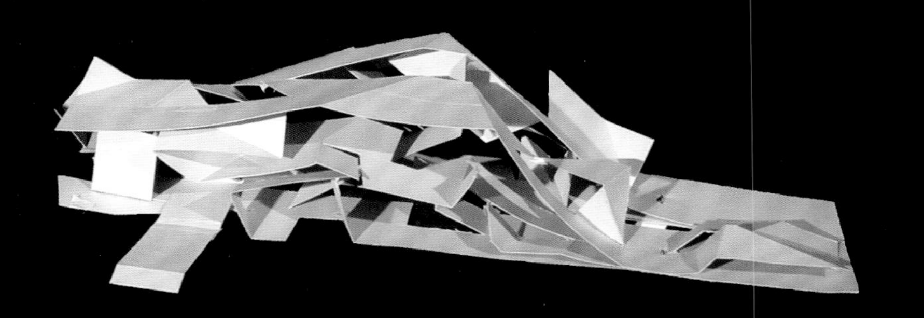

克里斯蒂安·维德勒的作品

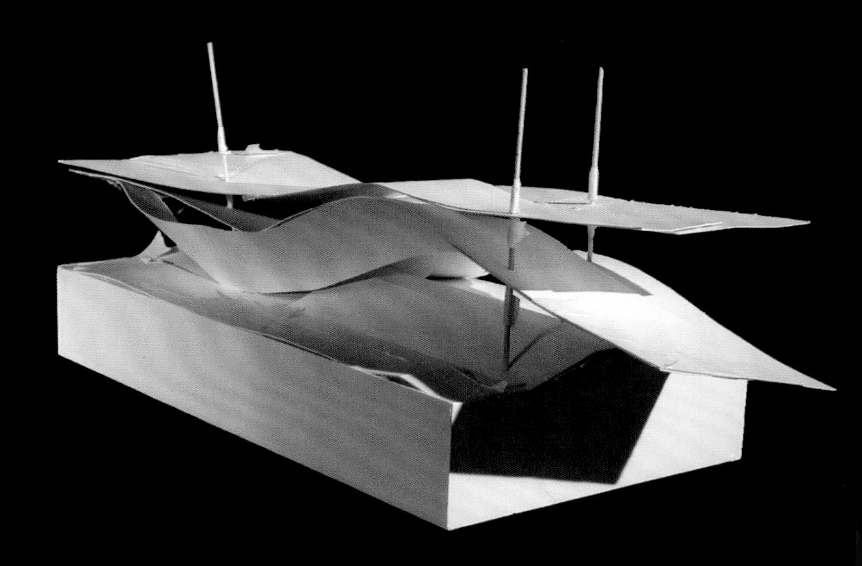

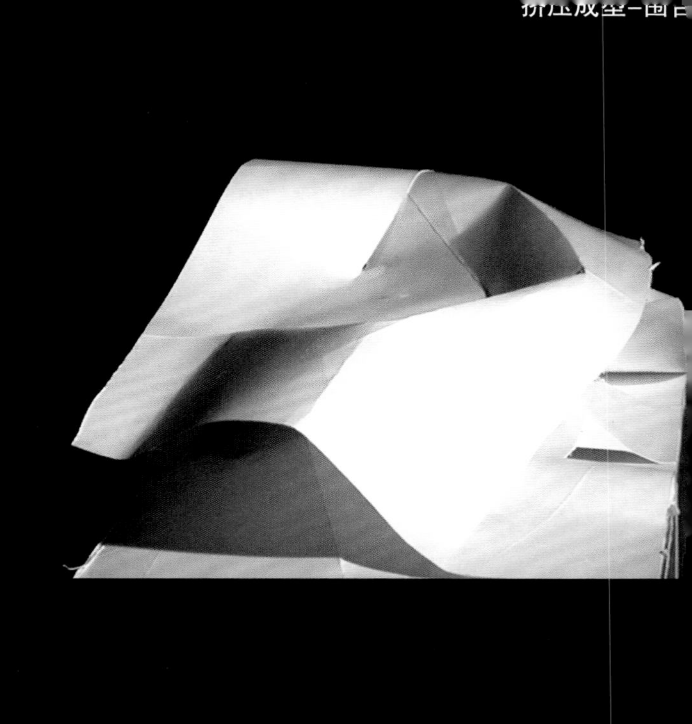

巴斯·沃格普尔的作品

阶段 4

建筑原型

Achitectural Prototypes

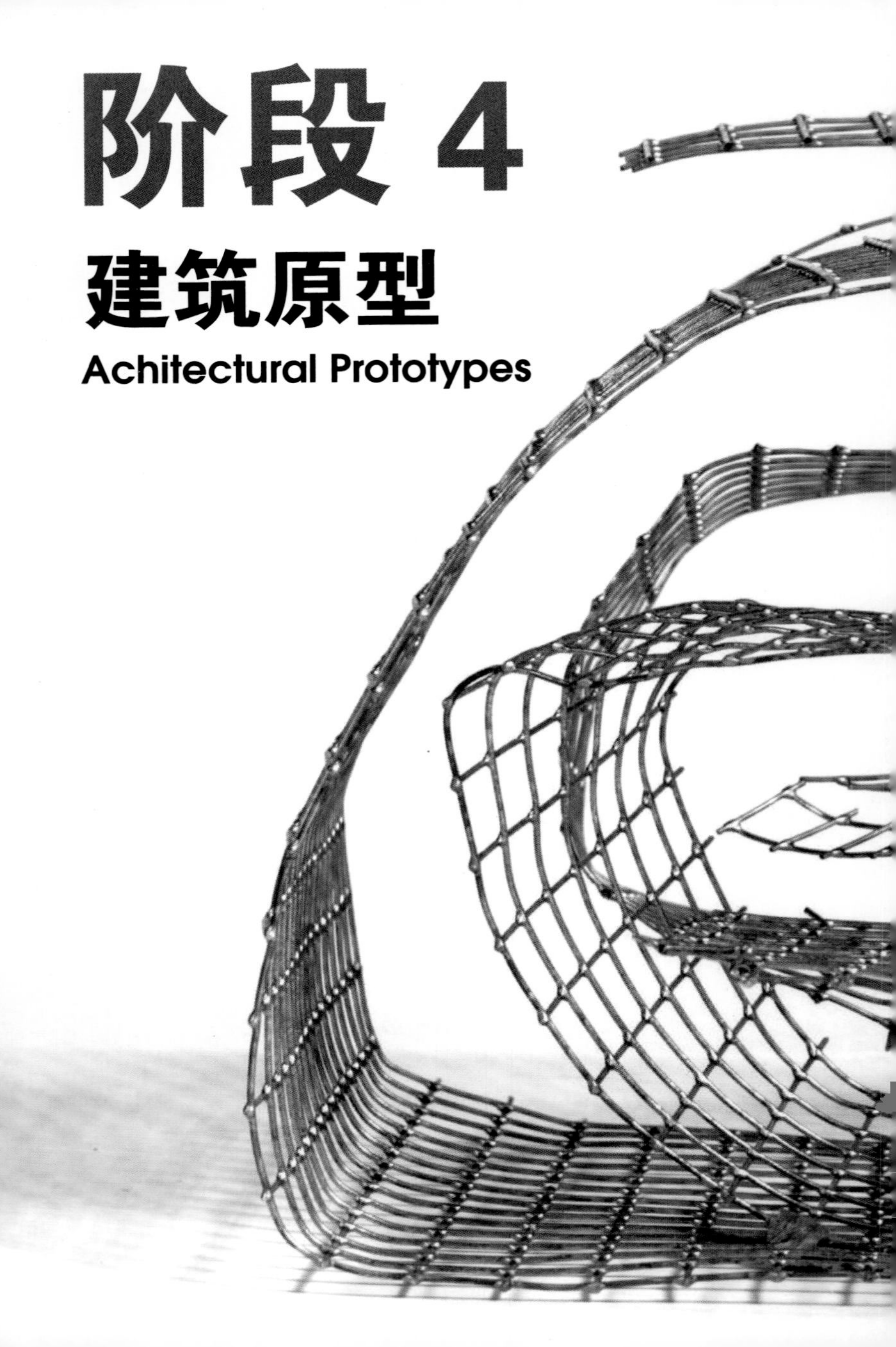

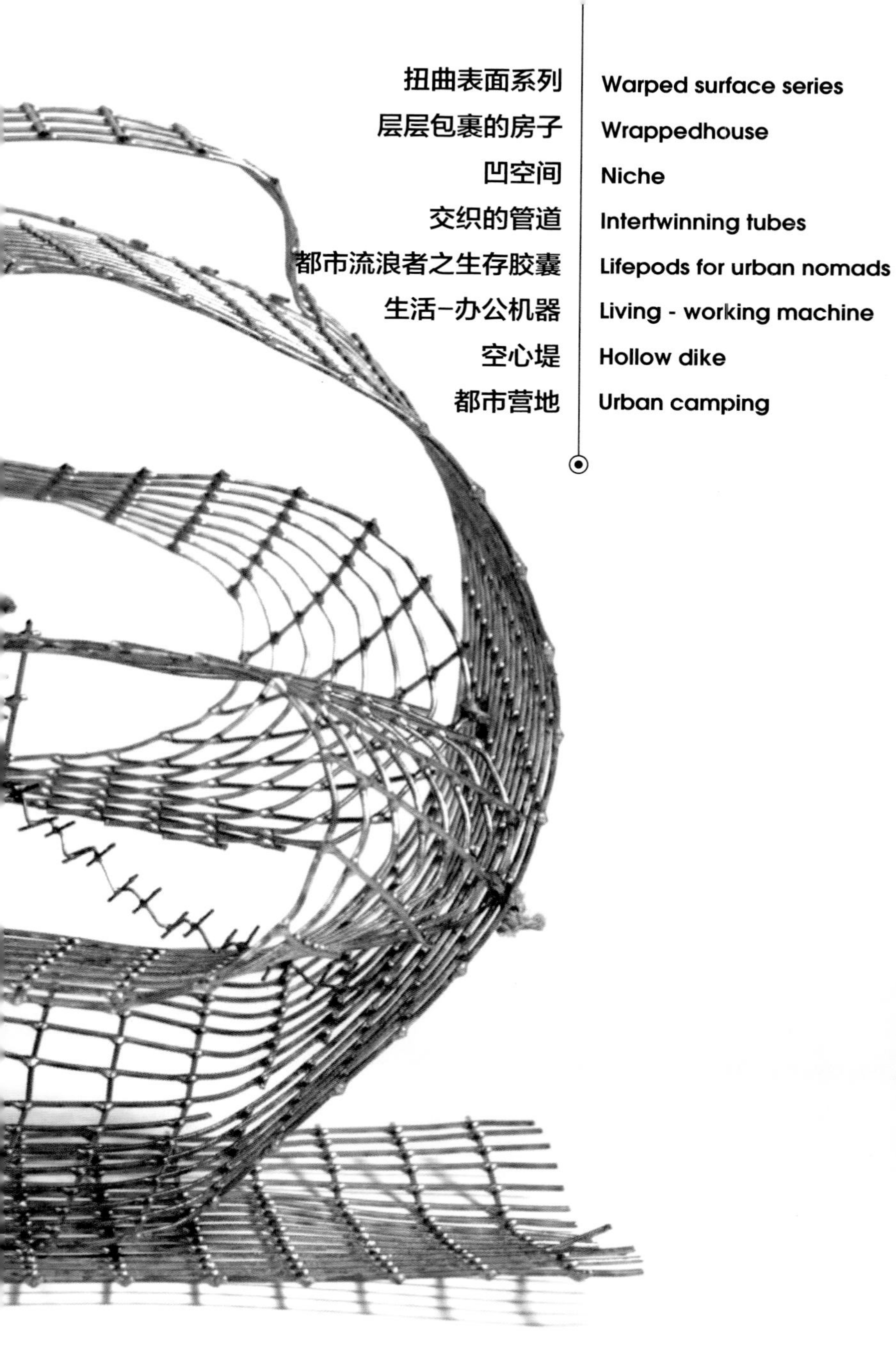

扭曲表面系列 Warped surface series

层层包裹的房子 Wrappedhouse

凹空间 Niche

交织的管道 Intertwinning tubes

都市流浪者之生存胶囊 Lifepods for urban nomads

生活-办公机器 Living - working machine

空心堤 Hollow dike

都市营地 Urban camping

娜塔莎·弗里考特的设计

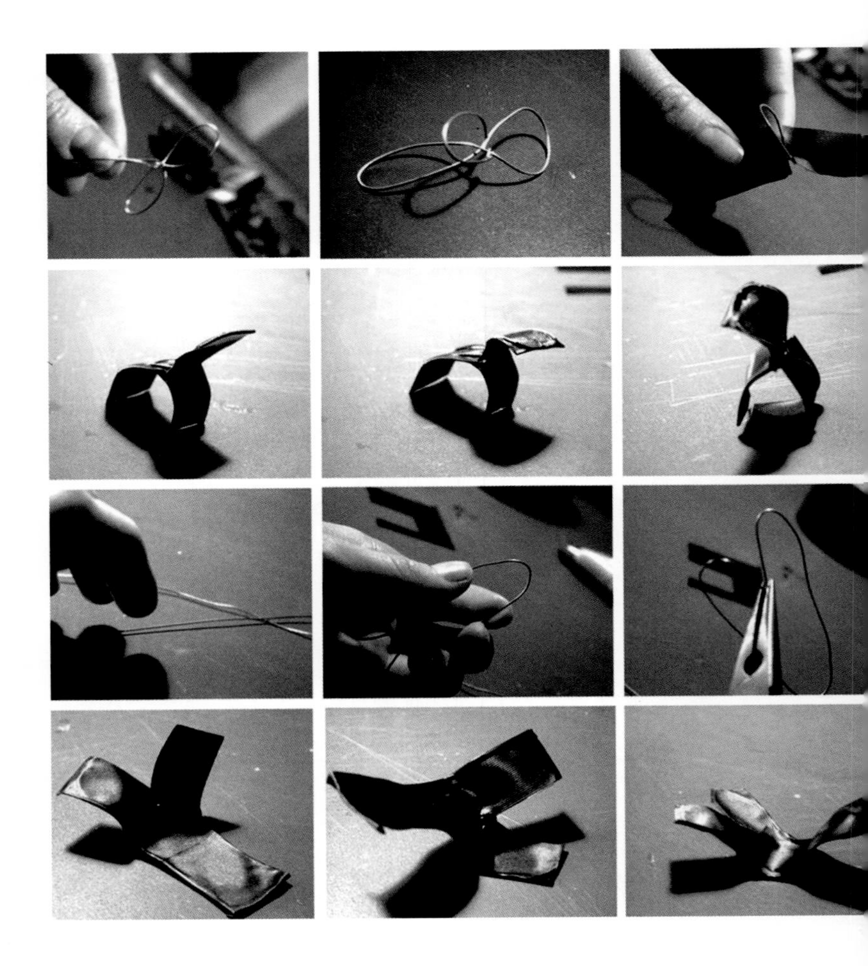

扭曲表面系列

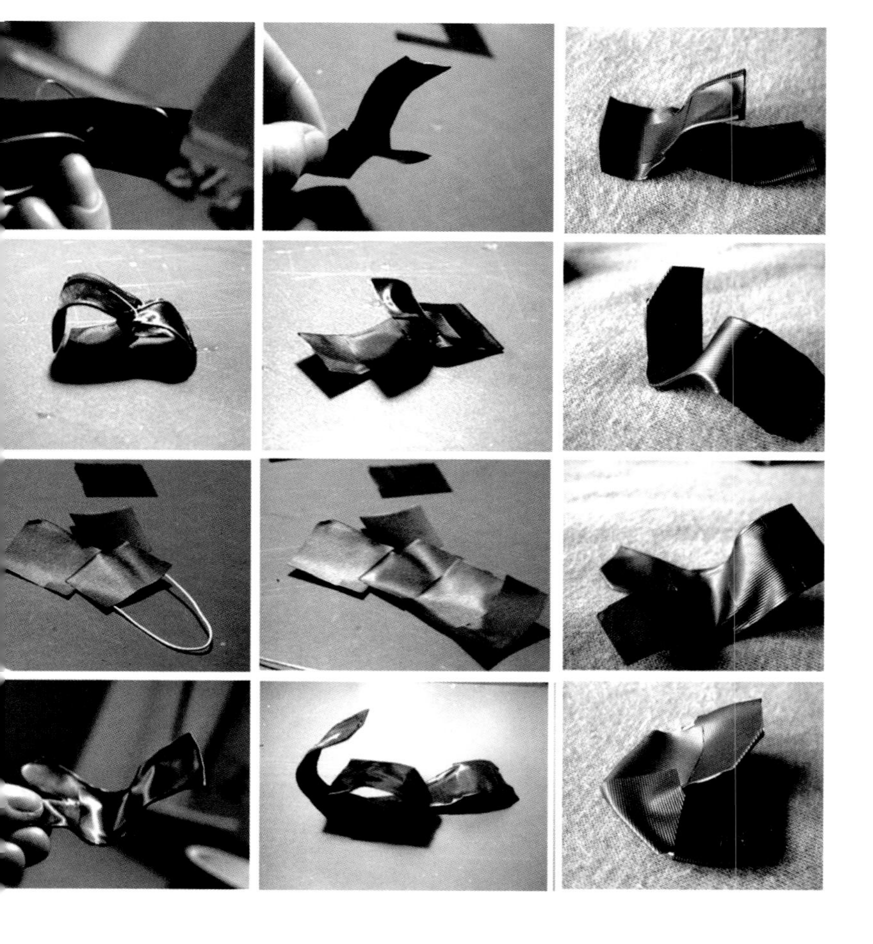

索菲亚·贝纳亚德的设计

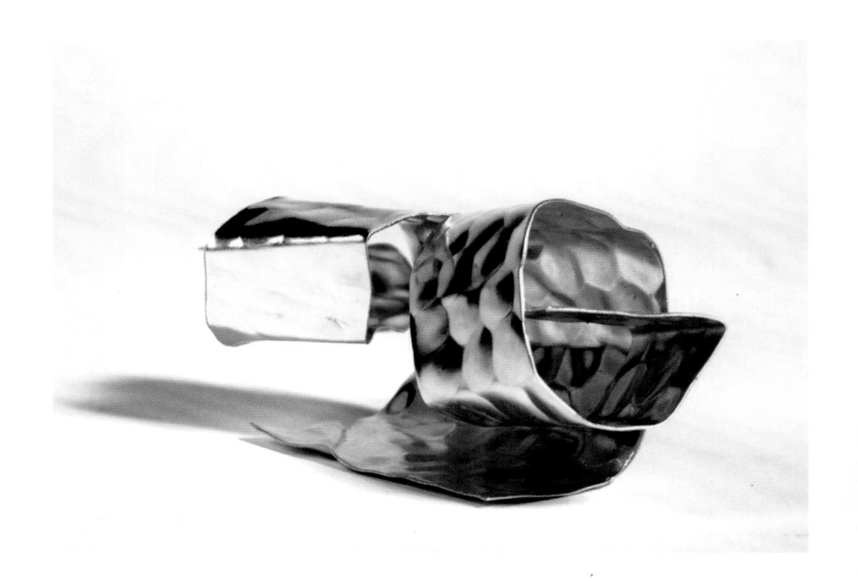

层层包裹的房子：结构原型

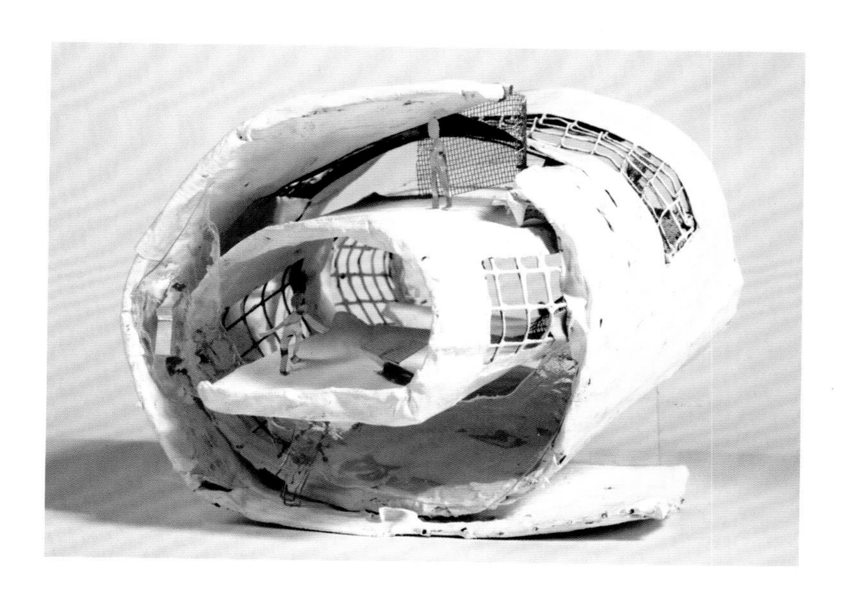

巴斯·沃格普尔的设计构想

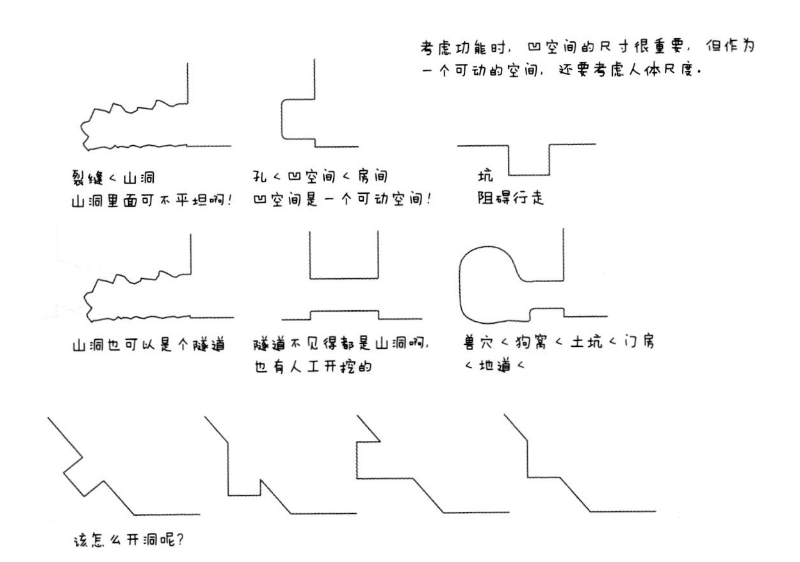
考虑功能时，凹空间的尺寸很重要，但作为
一个可动的空间，还要考虑人体尺度。
裂缝 < 山洞
山洞里面可不平坦啊！
孔 < 凹空间 < 房间
凹空间是一个可动空间！
坑
阻碍行走
山洞也可以是个隧道
隧道不见得都是山洞啊，
也有人工开挖的
兽穴 < 狗窝 < 土坑 < 门房
< 地道 <
该怎么开洞呢？

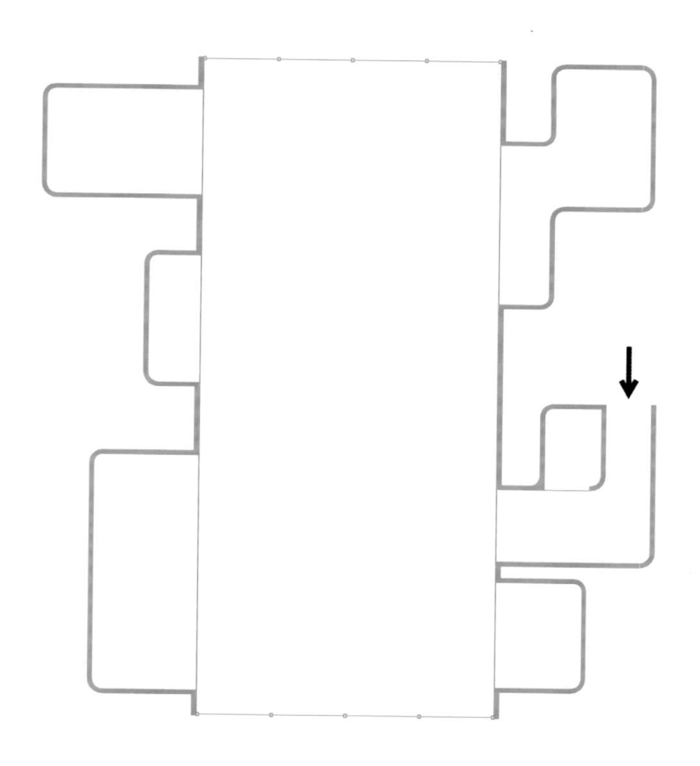

巴斯・沃格普尔的设计构思

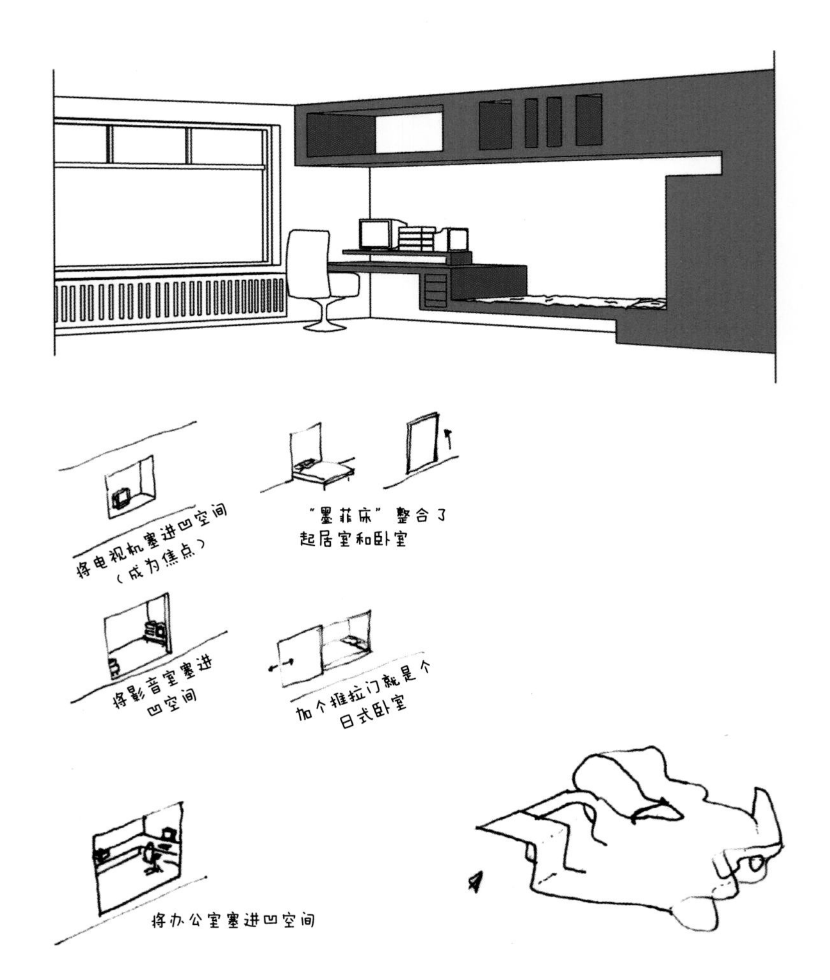

将电视机塞进凹空间（成为焦点）
"墨菲床"整合了起居室和卧室
将影音室塞进凹空间
加个推拉门就是个日式卧室
将办公室塞进凹空间

凹空间设计者的独白

我们如何利用公共空间?

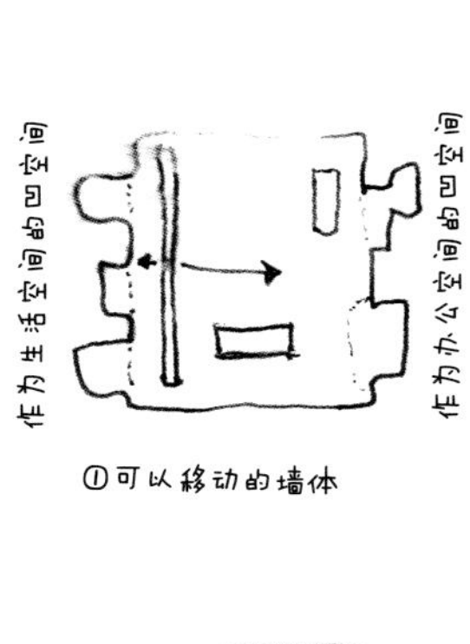

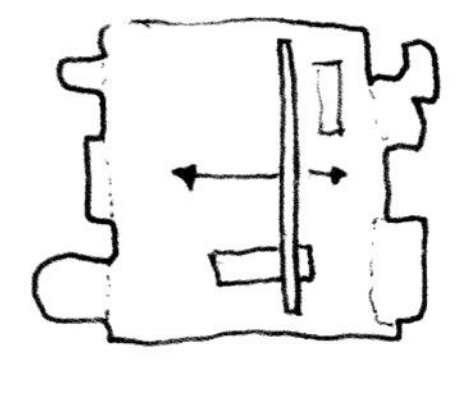

①可以移动的墙体

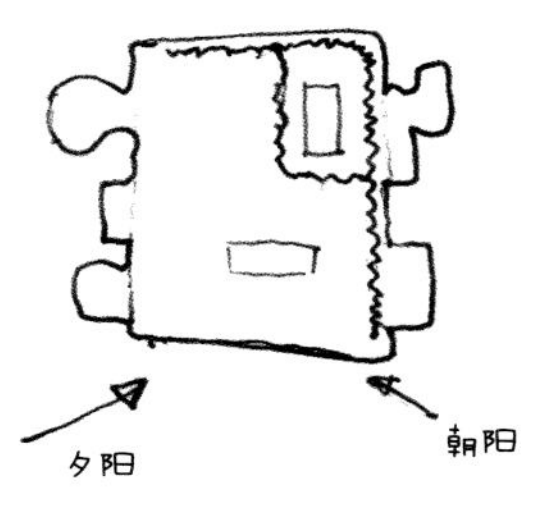

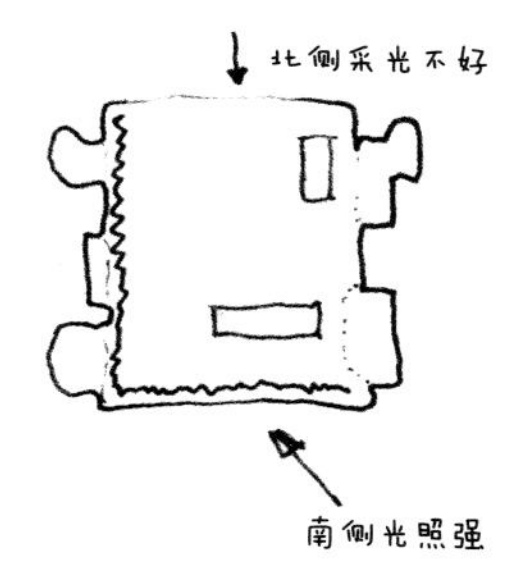

②窗帘设计得合理!

约翰·赛德洛夫的设计图

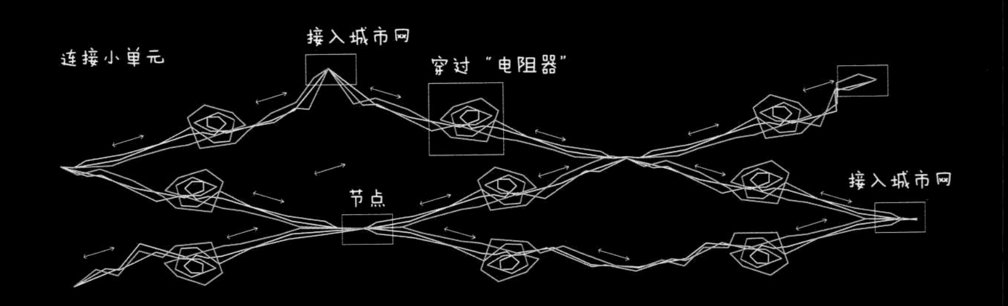

接入城市网
连接小单元
穿过“电阻器”
接入城市网
节点

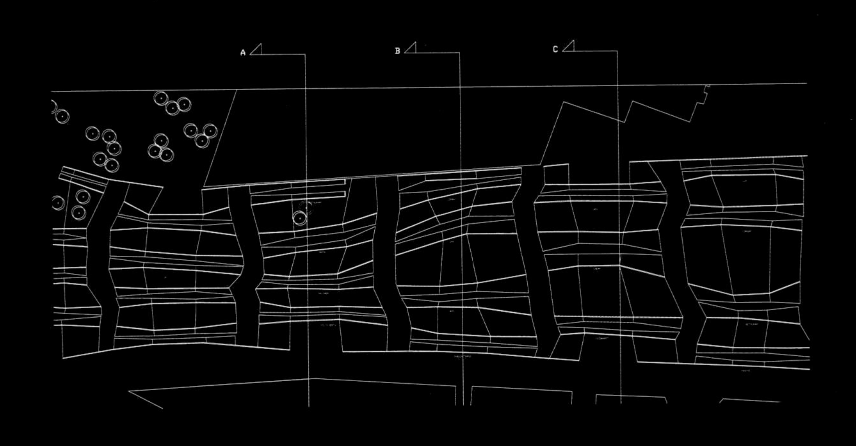

A
B
C

都市流浪者之生存胶囊：功能分布

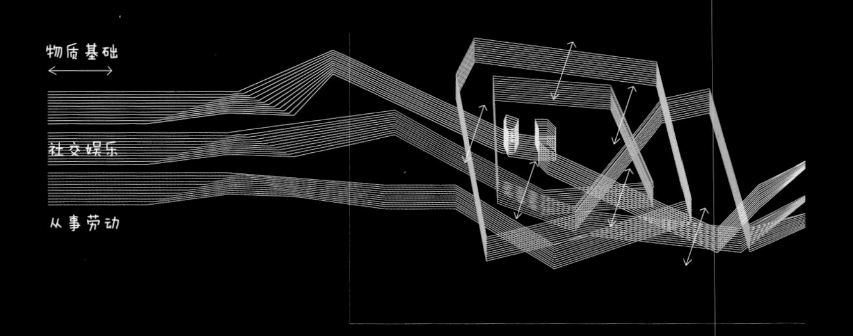

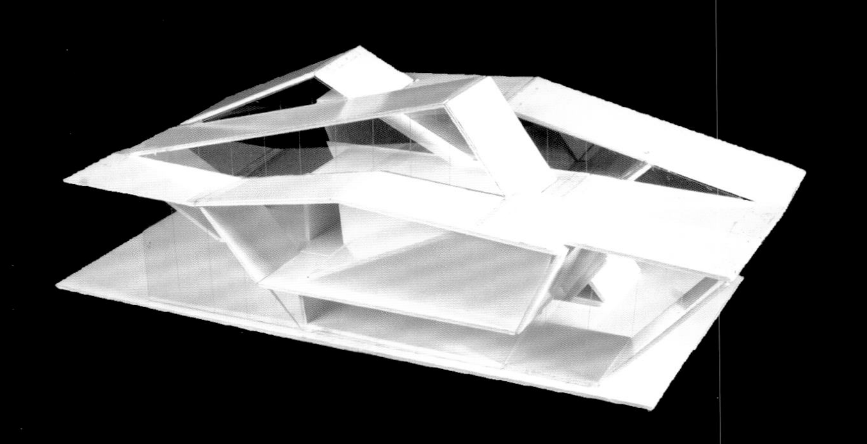

约翰·赛德洛夫的设计原型

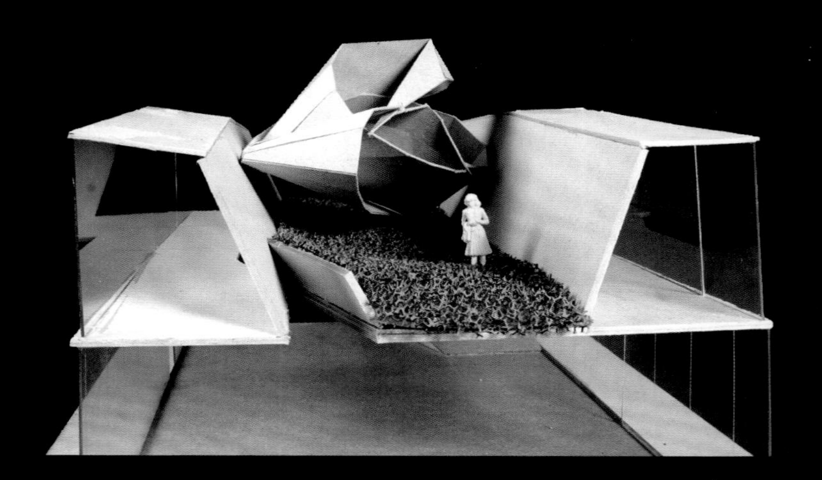

斜面：生存胶囊聚合

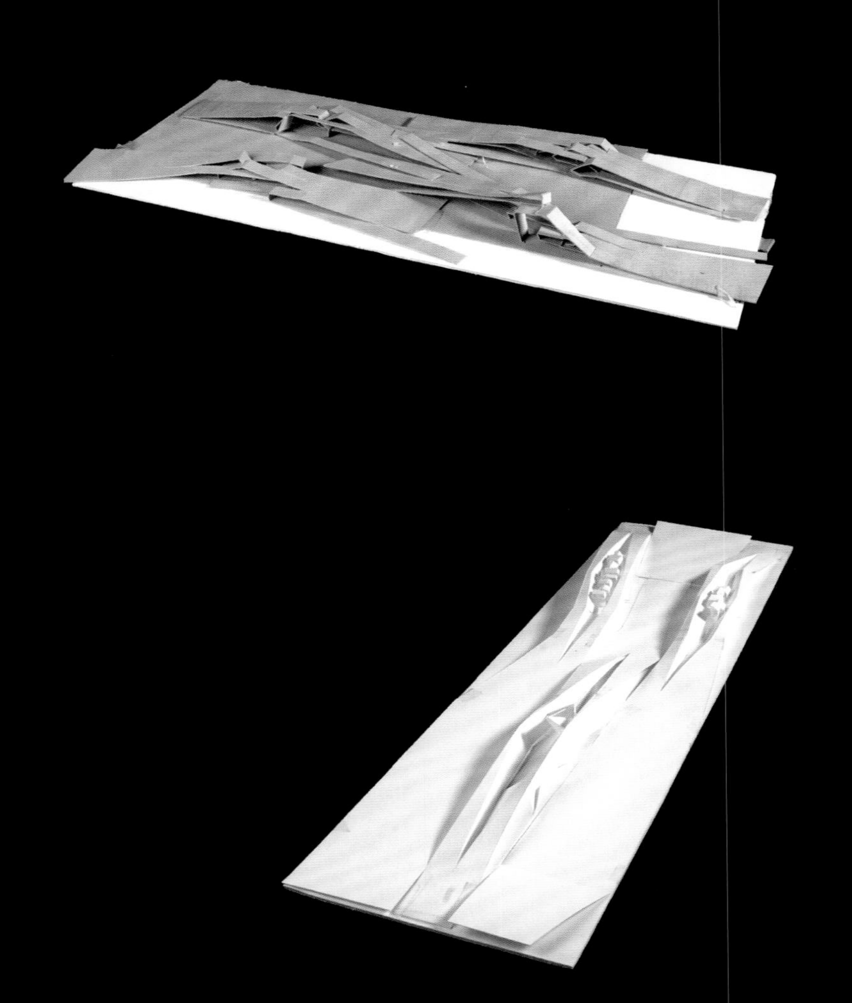

弗雷德里克·莱斯的设计

剖面图（*C*=车，*W*=公司，*G*=公园，*H*=家）

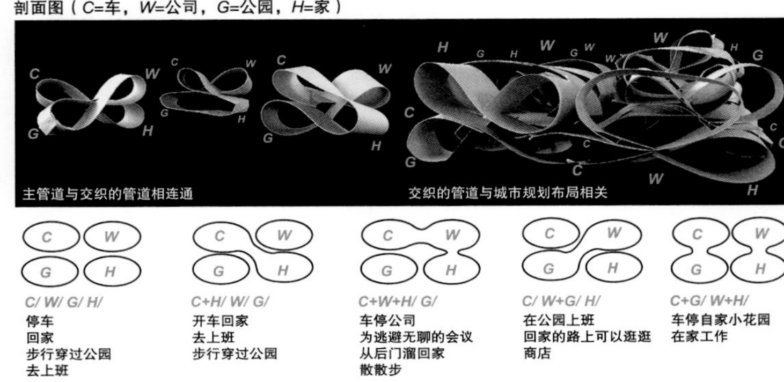

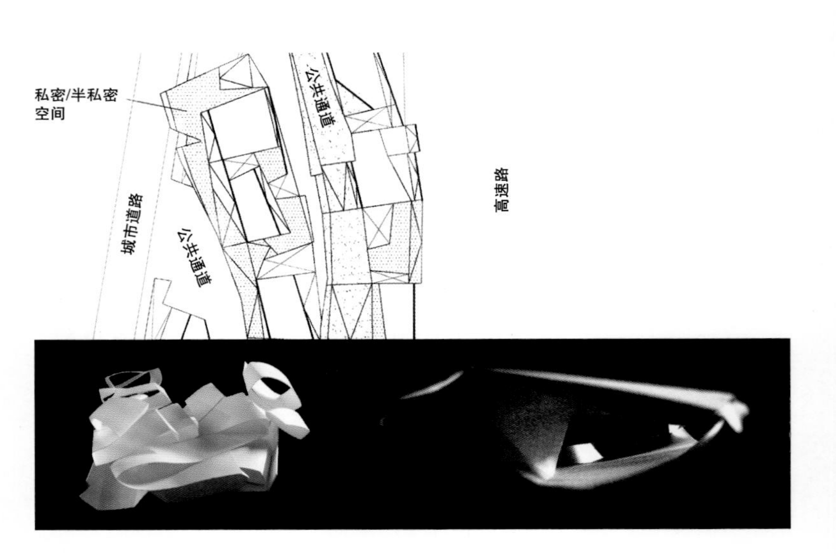

交织的管道

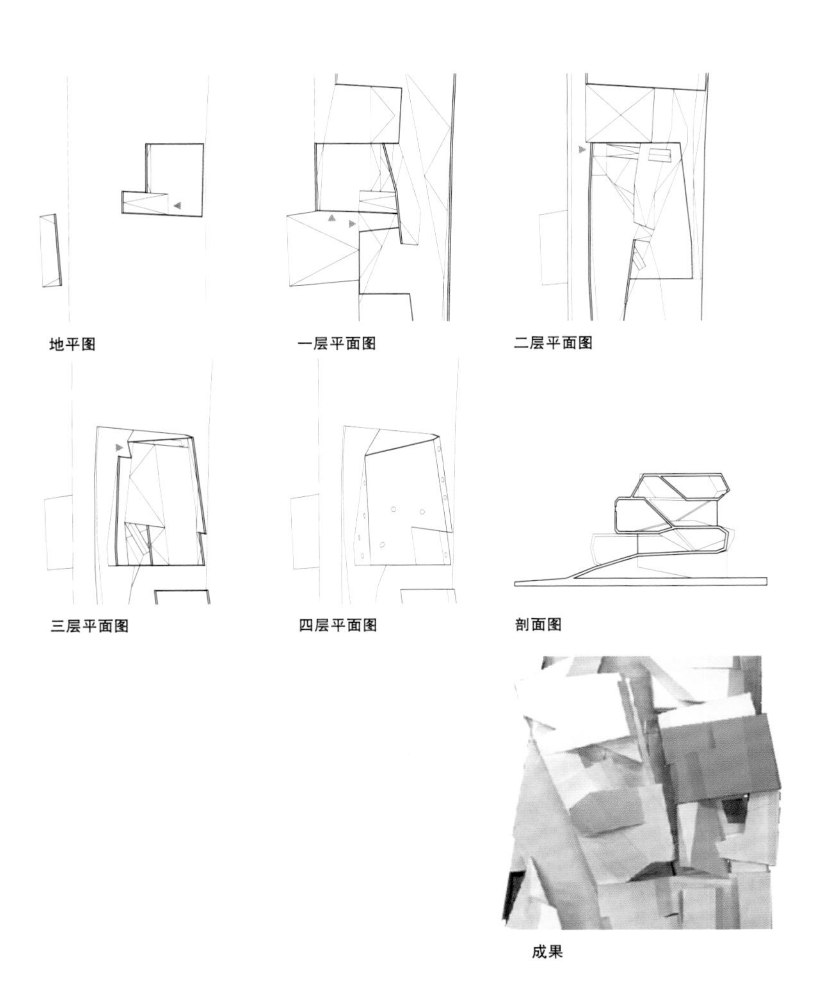

地平图　一层平面图　二层平面图

三层平面图　四层平面图　剖面图

成果

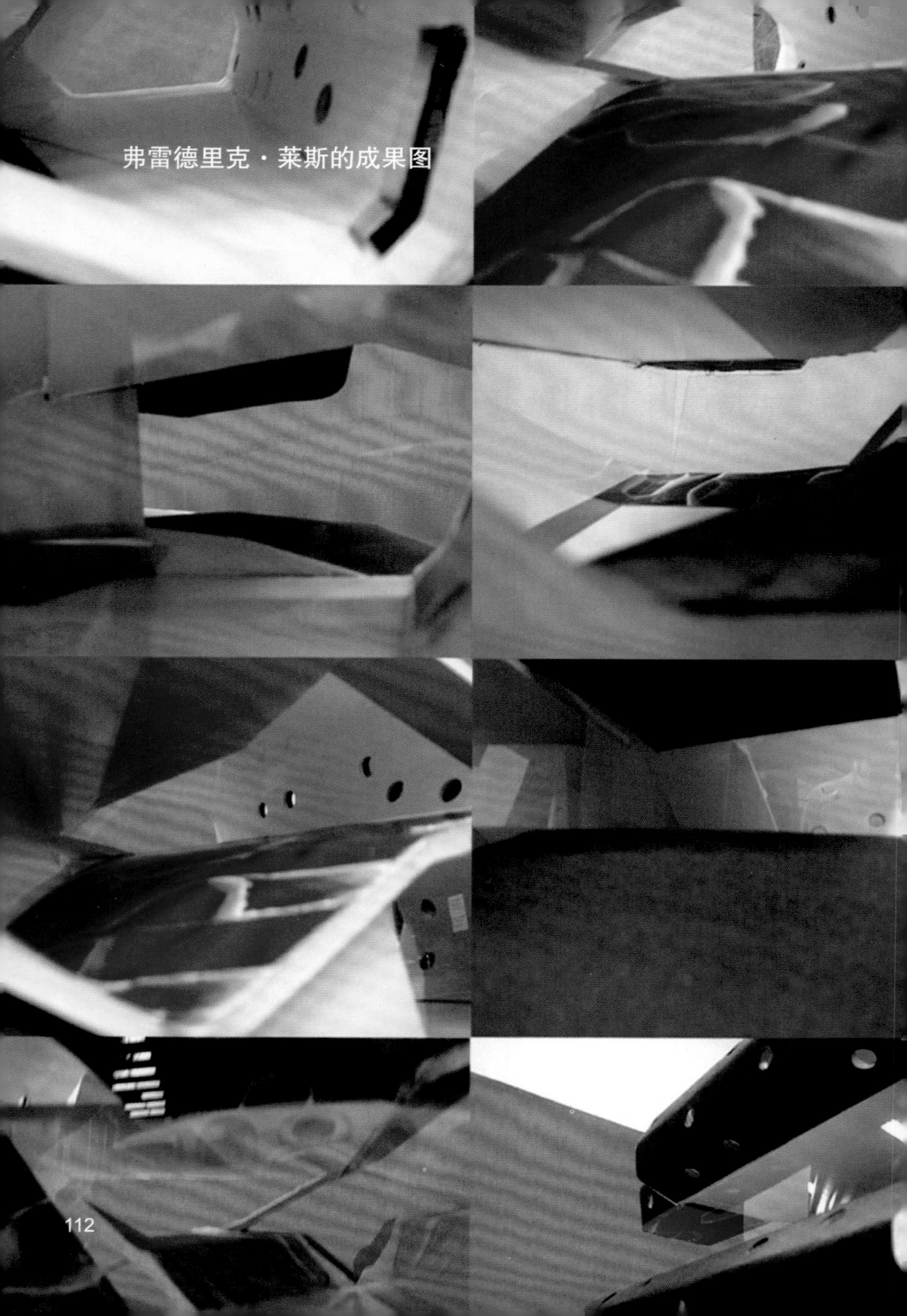

弗雷德里克·莱斯的成果图

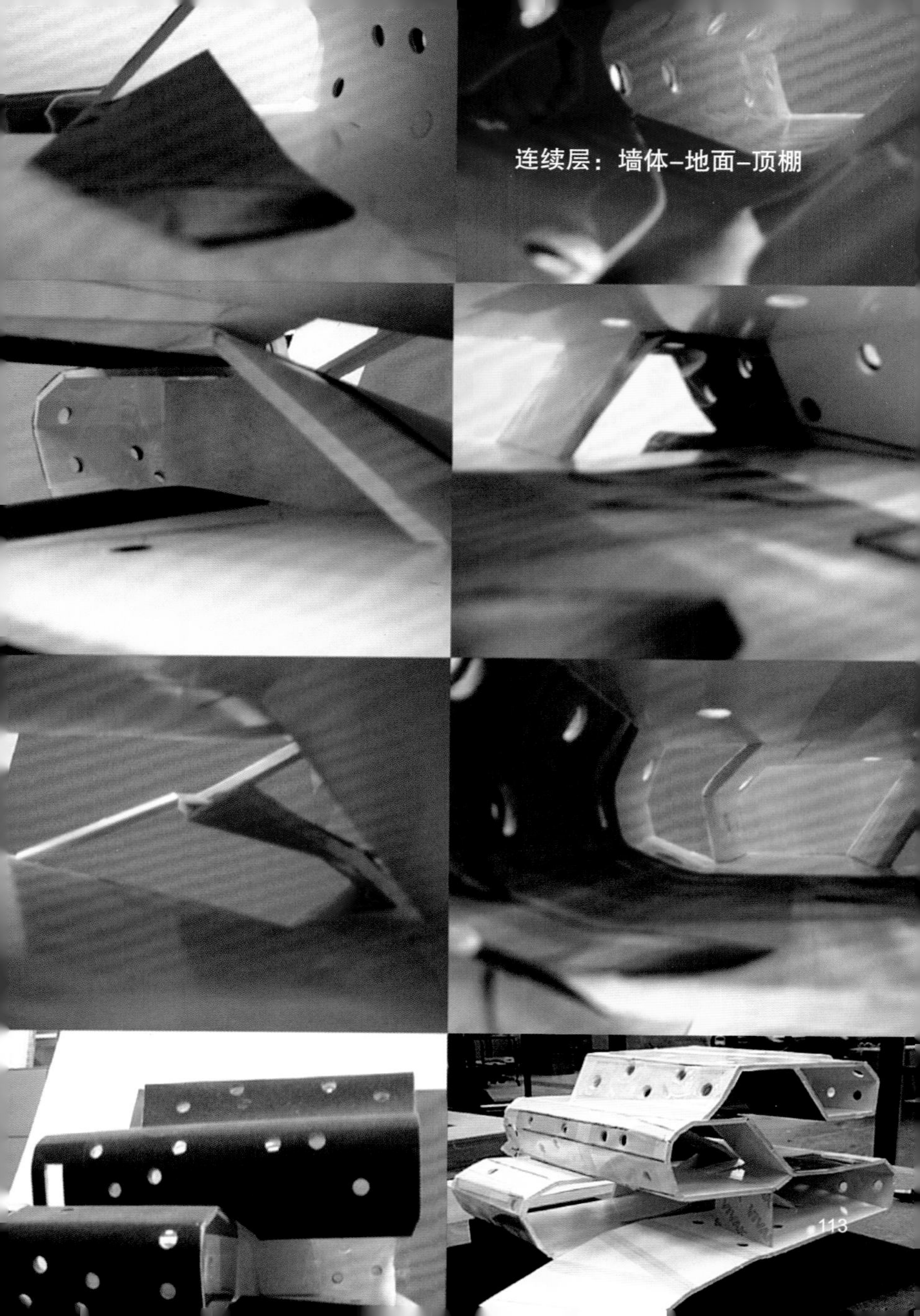
连续层：墙体–地面–顶棚

丹尼尔·诺雷尔的概念设计

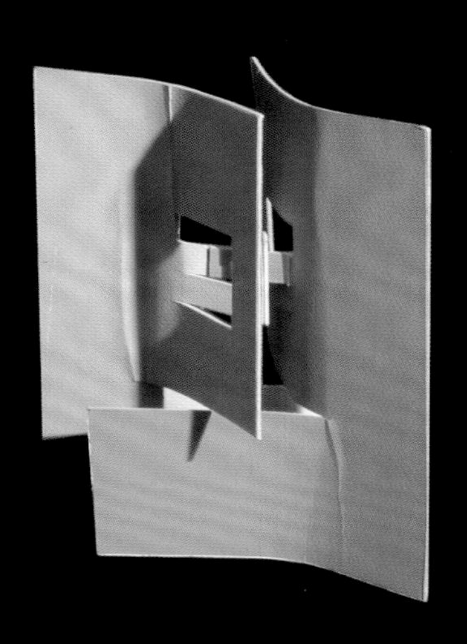

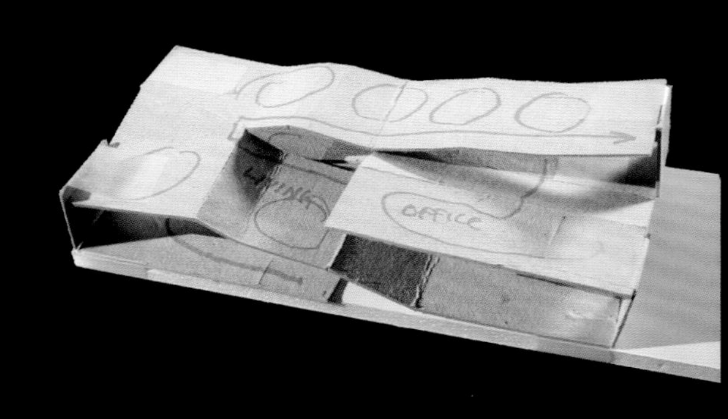

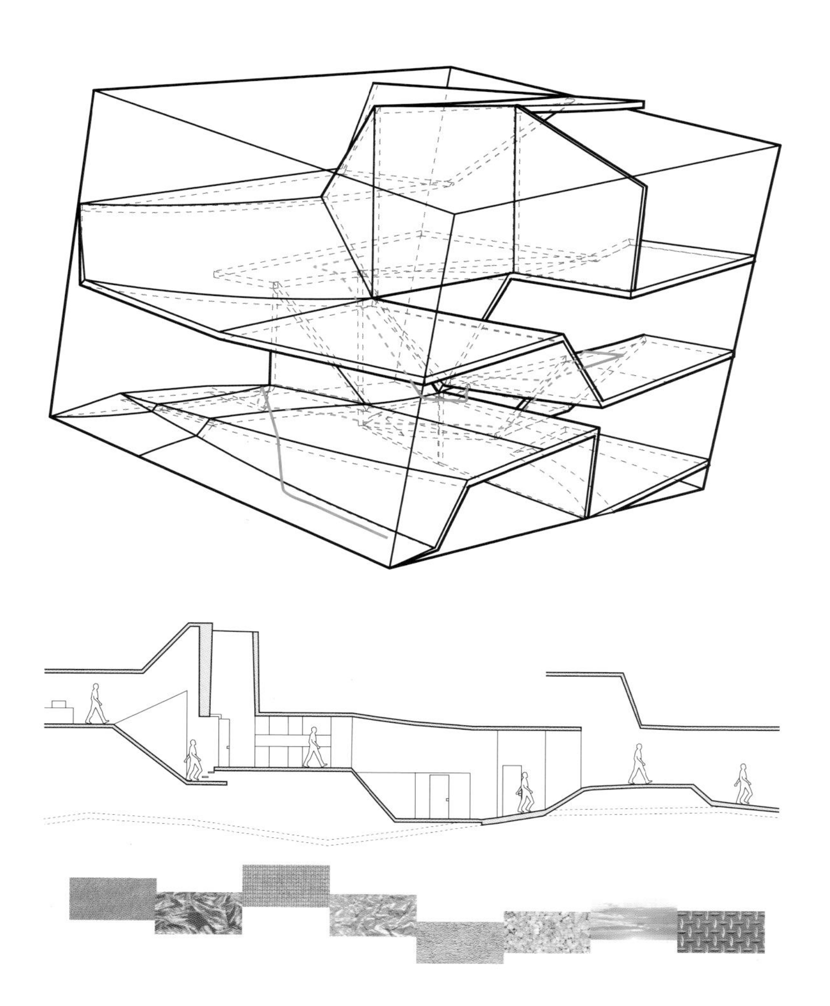

丹尼尔·诺雷尔的设计图

水平剖面

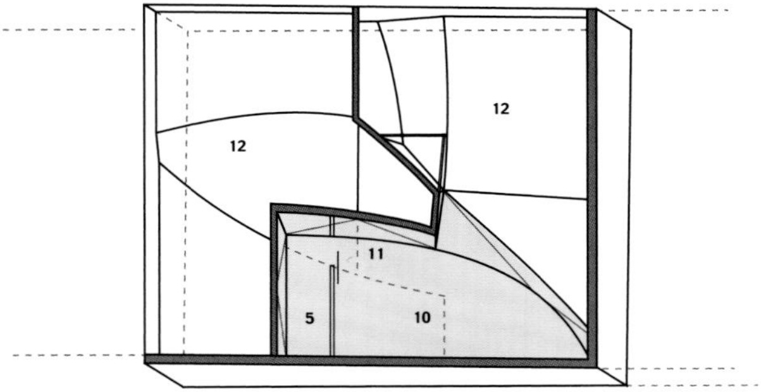

水平高度　8.65m

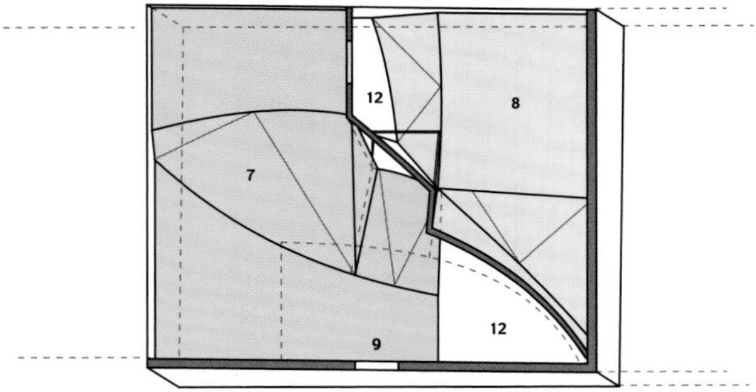

水平高度　6.70m

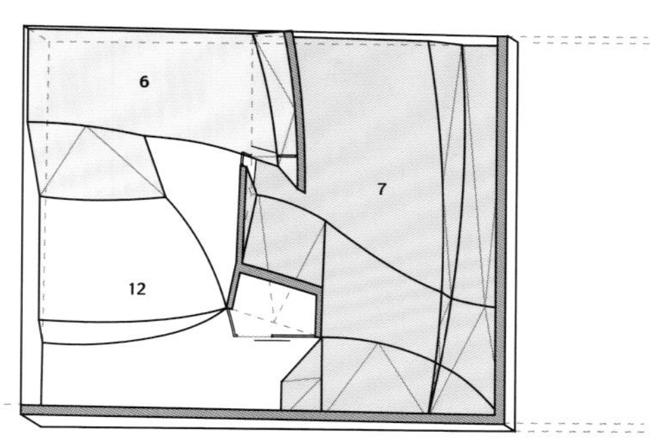

水平高度 4.40m

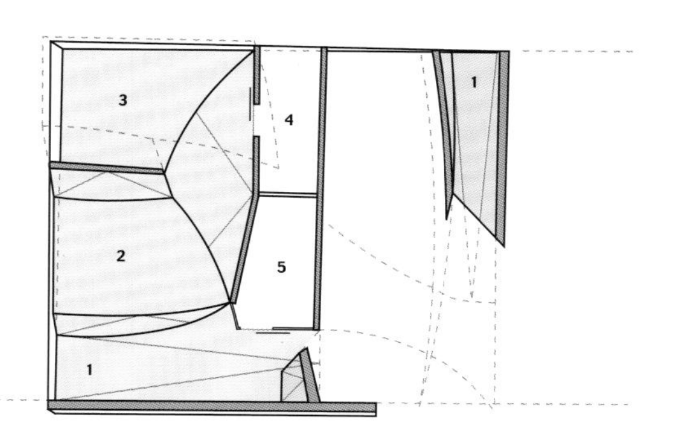

水平高度 2.10m

1. 入口 2. 餐厅 3. 影音室 4. 储藏间 5. 卫生间、浴室 6. 厨房 7. 办公区 8. 生活区 9. 上层景观区入口 10. 卧室 11. 屋顶入口 12. 空地

辛迪·沃特尔斯的设计

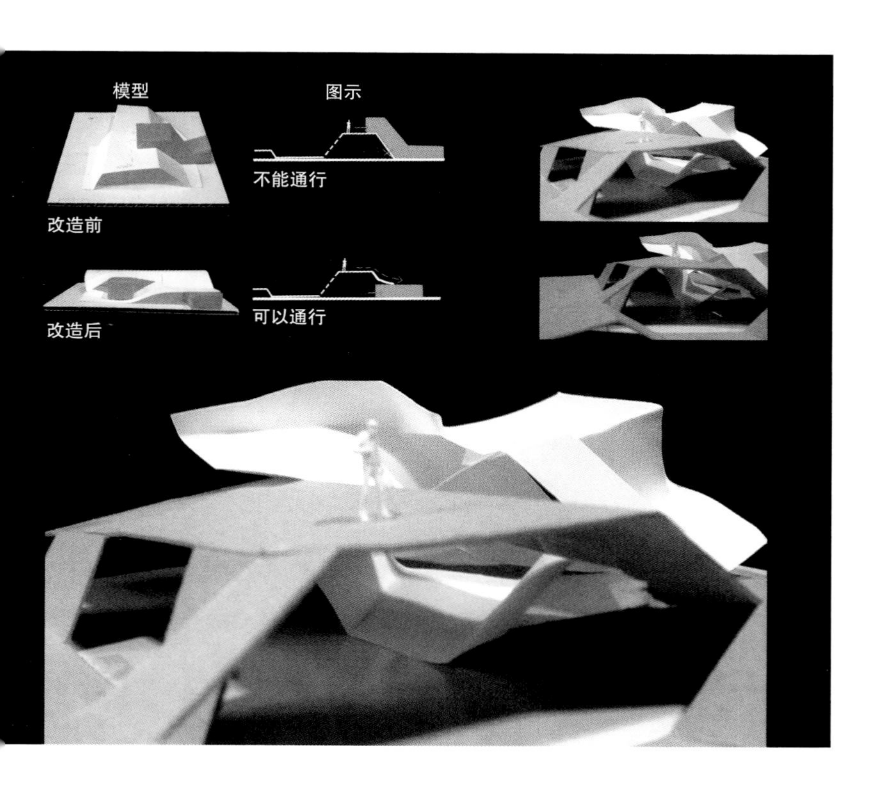
模型
图示
不能通行
改造前
可以通行
改造后

克里斯蒂安·维德勒的设计图

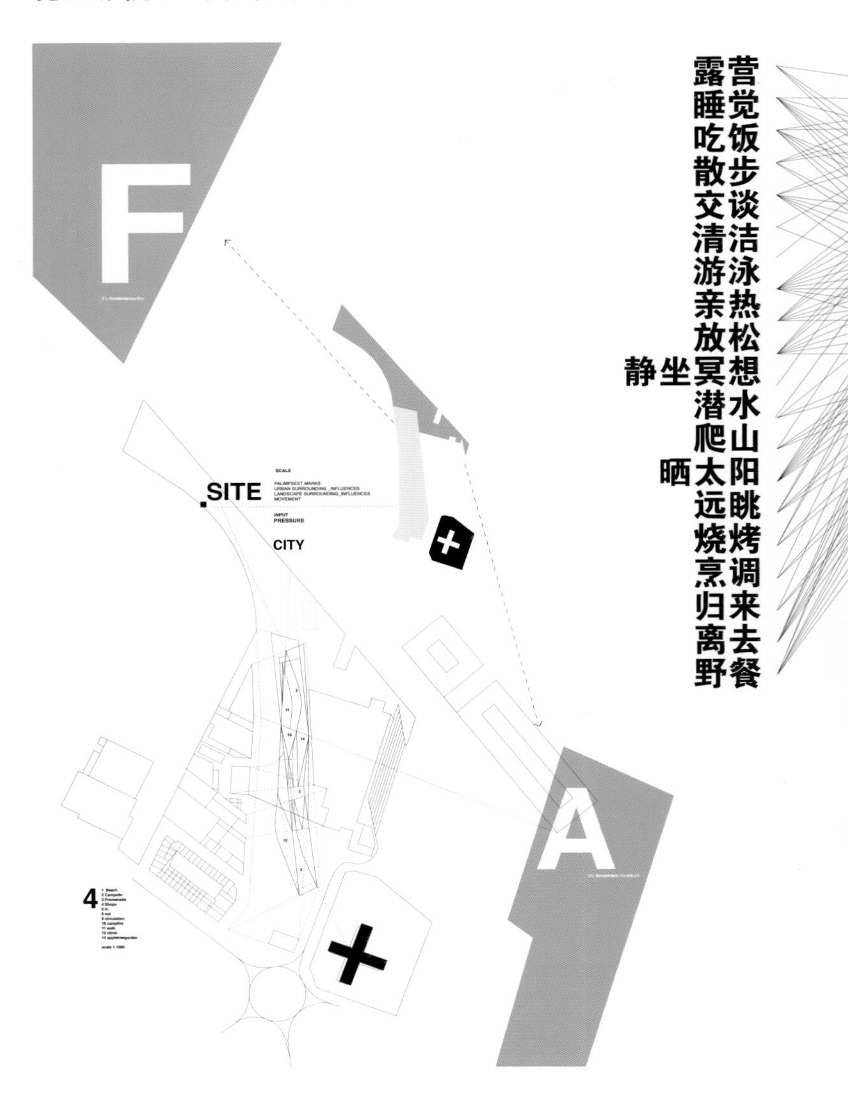

水
草地
岩石
向日葵
郁金香
苹果树
树木
沙土
石块
混凝土

简析建筑折叠在实践中的应用和发展

索菲亚·维左维缇

20世纪末期，折叠成为一种新兴的建筑设计方式。纵观其发展历程，我们把格雷戈·林恩在一期《建筑设计评论》（A+D）特刊中发表的《建筑形式的折纸研究》[1]来作为它的早期宣言。出版于1993年的这期刊物，编录了由柯布西耶、艾森曼、盖里、基普尼、林恩和谢戴尔等建筑师们的论文及项目，试图寻求一种不同于解构主义对抗的、冲突的、异质的形式生成逻辑的设计思路。特别是摘录了德勒兹当时刚被翻译的《褶子：莱布尼茨与巴洛克》[2]一书。《建筑形式的折纸研究》是从莱布尼茨基本理论引申出来的哲学概念，并将巴洛克风格作为理论工具来分析当时的艺术与文化运动。

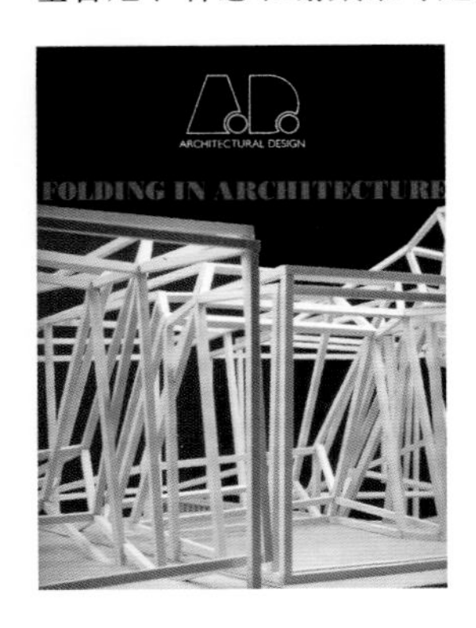

格雷戈·林恩在上述期刊中所著的《建筑的曲线：折叠的、易弯的和柔顺的》[3]，将“折叠”解释为在复杂而不同的文化和形式背景下的第三种设计对策：既不同于解构主义般依靠冲突和矛盾，亦不像新古典主义、新现代主义和地方主义般仰仗统一和复兴。复杂性与柔顺性相关，因此折叠被视作一种巧妙的策略，用以在异质却连续的系统内集中整合所有差异，并通过流畅地分层从而超越了普通的叠加，就如同地质学中的沉积作用和烹调中的混合搅拌一样。黏附和柔顺的形式被视为新的工具：它们又黏又软，“特别容易附着他物”。对于格雷戈·林恩来说，曲线性是“柔顺的建筑”的形式化语言。胡塞尔研究的那些并不精准的几何体是理解柔顺形式的关键：与精准的几何体不同，这种柔顺几何体既不能被完全复制，也不能简化为平均点或平均规格，但却可以被精确地定义。为了构建多重关联的几何体，格雷戈·林恩引入了勒内·托姆突变理论图中的柔性拓扑表面。

在《褶子：莱布尼茨与巴洛克》一书中，德勒兹提及一系列巴洛克式特点，这些特点超越了历史局限，有助于我们欣赏当代艺术，也对理解折叠方法演变为实际的建筑设计方法至关重要，这些特点总结如下：

1. 折叠：是一个无限发展的过程，不是为了得到结果，而是在于如何继续，直至无限。
2. 内与外：被无限的折叠分割成物质与精神、表皮与空间、外部与内部。
3. 高与低：折叠产生折痕，折痕两边无限延伸，从而连接起了高与低。
4. 展开：并非折叠的逆向操作，而是这一动作的延续。
5. 纹理：材料自带阻力，折叠操作会形成纹理。
6. 范例：折叠不可掩盖它的形式表达。

德勒兹认为弯曲是理想折叠曲线的基本生成要素。他的学生伯纳德·卡什将拐点定义为“内在奇点”，包含三个变化项：矢量变化、投影变化和无穷变异。在此框架中，卡什强调这个技术“对象”需要被重新定义，它是在工业自动化或系列机械生产链取代人工模具时，由变化所产生的假设事件。此时该对象的新状态不再是空间模型，而是一个既反映材料连续变化的初始状态、又暗示持续形式发展的实时调控。伯纳德·卡什1995年出版的《大地迁移：领土的装饰》[4]一书中，设想将建筑重新定义为处理内外关系的折叠操作和框架的艺术。家具作为“拐点”来连接地域和建筑，为建筑设计打开新的思路。

20世纪90年代最有影响力的未建成建筑，同时也是最早将德勒兹理论付诸建筑设计的项目，可能要数OMA（大都会建筑事务所）在1993年设计的巴黎朱苏图书馆了。在这个大学校园图书馆的竞赛方案中，折叠不仅被用作组织结构图解，同时也生成相应的空间构件。库哈斯用“公共魔毯”来比喻建筑中的连续楼层。楼层间的楼板倾斜，得以承上启下从而形成连续路径。“一条展示并连接所有功能要素的弯曲室内大道”，将图书馆融入都市景观。折叠像一件魔力道具打破了空间2.5m的挑高限制，同时通过对图书馆的室内设计营造了“漫步其中”的体验。在《*S*，*M*，*L*，*XL*》[5]一书中，折纸作品不仅被图解为概念模型，同时也作为一种新型建筑设计策略引入实践中。这一设计例证了建筑如何忽略外表面，而将注意力集中在楼层设计上，使之成为空间贯通和社交活动的媒介。

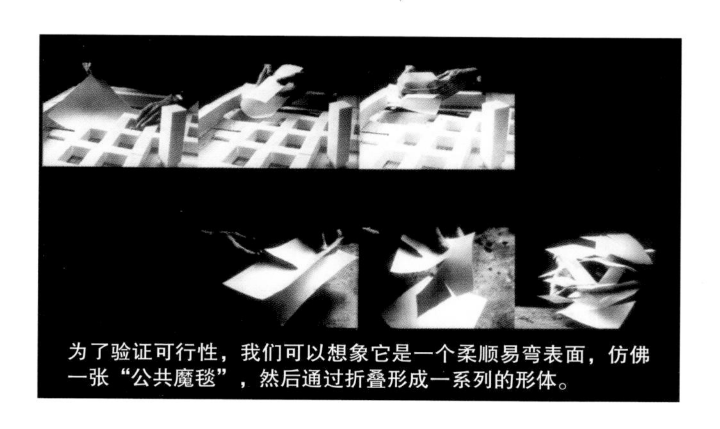

为了验证可行性，我们可以想象它是一个柔顺易弯表面，仿佛一张“公共魔毯”，然后通过折叠形成一系列的形体。

研究巴黎朱苏图书馆连续倾斜楼板后，我们认可先行者保罗·维利里奥的“倾斜平面”和“流线中的可停留空间”的概念。保罗·维利里奥和克罗德·帕伦特在1966年《建筑原理》中发表了一系列关于建筑和城市设计宣言的文章。其中维利里奥提出了“斜面功能”理论，即将一个倾斜的平面作为“建筑空间的第三种可能性”，颠覆了由水平和垂直所构成的常规空间。倾斜平面的不平衡性引发了使用者与建筑之间的触感联系。该倾斜平面被理想化为一种重生的场地，通过与地面的“暧昧”关系恢复了原本被横平竖直的静态建筑所破坏的强烈的空间感。建筑不再被视觉和立面主导，而是作为包容的整体与个体产生联系。倾斜的平面改变了空间和重量的关系，重力会影响感知，因为无论是缓慢向上还是加速向下，个体总是处于失重的状态；而当个体在水平面上行进时，重力是被抵消的，就不会有这种感觉[6]。维利里奥说这一倾斜理论源自他儿时的探险，诺曼底海岸线上那些上翘或倾斜的地堡掩体遗址内部空间给了他最初关于“不稳定空间”的体验。倾斜的平面，作为欧几里得系统中的第三坐标轴，为可停留空间

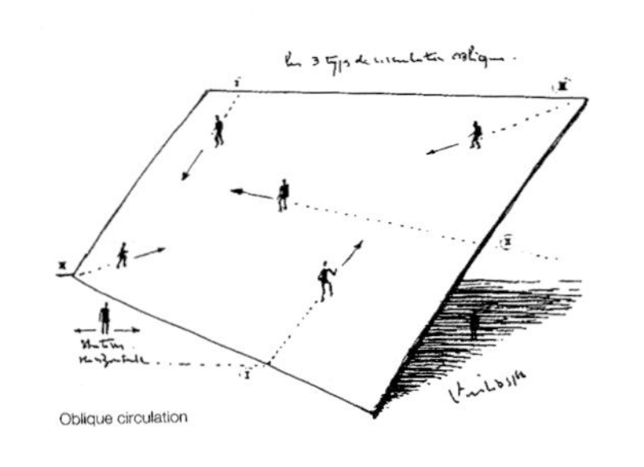
Oblique circulation

和交通流线统一成连续空间提供了可能。

在倾斜平面上人们活动区域的分配，并不能被精准地定义，而是需要一个包含多重可能关系的几何模型，例如托姆的突变理论图中被倾斜角度和材质所限制的活动可预测区域。

将倾斜平面作为交通流线区可以说是在20世纪90年代里最具创新精神的概念之一了，不可否认，这也是折叠建筑硕果累累的年代。巴黎朱苏图书馆项目将折叠理论运用到建筑实践中，并催生出了世界范围内一整代建筑师们对连续表面建筑的热忱。尤其在荷兰，倾斜平面在许多模拟自然景观的项目中成为建筑结构的一部分。鉴于篇幅所限，在此只介绍少数几个案例。连续坡道在OMA的实践中逐步应用为折叠的楼板。1993年的鹿特丹美术馆的设计，涵盖了一系列针对不同人群的运动路径和流线空间，包括展览参观者、路人和车辆。1997年的乌特列支教育馆的折叠混凝土楼板，体现了其精妙的构造技术，该馆是乌特列支大学为教师提供的一个共享设施。

巴特·鲁斯玛描述道："乌特列支教育馆带来了一种全新的空间体验，让人分不清内部从哪里开始，外部从哪里结束。穿门而过却不见转折，也不见任何楼梯甚至门槛——参观者仿佛是滑进了建筑内部。一旦进入其中，即使四处可见'哪里需要就放哪里'的楼梯，也还是分不清楼上楼下[7]。"

如果我们把流线视作连续表面的必要条件，那么车库也应该与古根海姆现代艺术博物馆一样，被设计成流线中的可停留空间和坡道结合的建筑体。作为主要建筑功能，车辆的通畅行驶是对折叠结构设计的理想诠释。另一个用倾斜连续表面取代传统建筑设计元素的例子是自行车库。由阿姆斯特丹VMX建筑事务所设计于1998年、建成于2001年的丹麦"自行车之家"就是一个连续折叠的自行车库。在基础设施升级的过程中，阿姆斯特丹市政府决定通过建造可容纳2500辆自行车的临时停车库，来解放出目前被大量自行车占据的中央火车站入口广场。

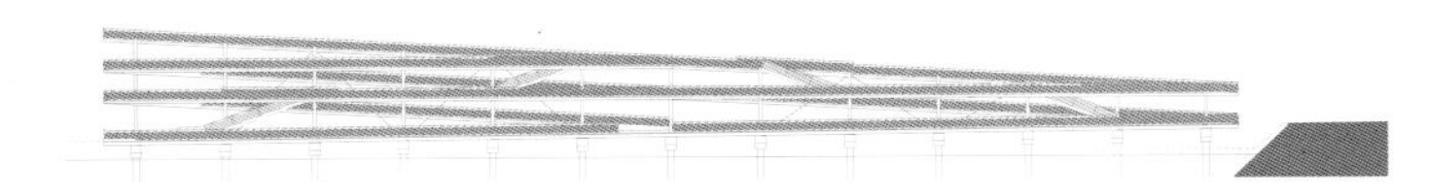

VMX建筑事务所设计了一座三层高、可拆卸、自立式钢结

构建筑，展开后是一条长达110m的连续坡面，两边均可以停放自行车。建筑师称，该设计拥有非常实用的存储功能，“依靠车站广场现有的1.25m高差，我们创造了一个可以停放自行车的斜面（3°）系统。红色沥青铺在坡面上就像地毯一样。设置的楼梯是上下楼的捷径，但无疑，自行车手们更喜欢使用坡道。整个建筑的优点体现在实用的细部设计和材料选择上，但更为主要的还是连续坡面的造型[8]。”不仅如此，该建筑在使用过程中似乎逐步超越了作为自行车库的基础设施功能，而成为新的公共空间和阿姆斯特丹的当代城市地标。除了大量的通勤人员，这座“自行车之家”也接待了许多其他造访者，包括游客、电影制作人和越野自行车手。他们的存在进一步证明了维利里奥所说的“流线中的可停留空间是社交活动的媒介”。

说完了作为建筑折叠主要特征之一的连续倾斜表面，另一个概念将通过折叠材料的纹理来展示形式。在这里，Diller+Scoffidio建筑事务所的设计作品是一个理想的案例。

在“Bad Press”作品中，折叠被具象化为重构男士衬衫的过程，用以批判标准化和颠覆当代男性主义的构造。

在纽约艺术和技术博物馆的建筑设计竞赛获奖作品“Eyebeam”中[9]，折叠的大道同时被作为空间和组织的图解。

新“Eyebeam”大楼将容纳艺术和科技馆、驻场艺术家工作室、教育中心、多媒体教室、最先进的剧院和电子档案馆。该设施将为艺术家们提供前所未有的工作和展览体验，使他们在视频、电影、动态图像艺术、DVD制作、各类设施、2D/3D电子图像、网络艺术、声音和表演艺术形式中有更好的探索。双折的大道充分展示了整体建筑，提供了数字媒体空间的互动界面，并围合起配套基础设施。这座建筑的褶皱立面是可参数化的，它是一组科技设施及其界面融入智能化建筑连续表皮的典型。

最后一个项目案例，因其尺度和影响力，成为折叠组织形式新兴建筑的一个典范：于2002年建成、由FOREIGN OFFICE建筑事务所设计的横滨港国际客运中心码头。

在当时客运中心建筑方案国际竞赛的作品中，建筑师阿里桑德罗·朱拉波罗和法西德·穆萨维提出了一个连续表面的设计构想，并将折叠特性渗透到整个设计中。这项城市提案创造了一个地表延伸到码头屋顶的空间形态，将其作为融合码头功能和城市活动区域（道路和广场）的公共空间。建筑师如此描述："……一个围绕码头的公共空间，可以弱化码头作为城市大门的象征性存在，并打破在码头游玩的常规方式，弱化码头的构筑物结构。这个公共空间极具示范性，是一道'没有使用说明的'的景观[10]。"

市民、乘客、游客、车辆和行李等分散且有方向性的运动构成了码头的功能，并由层叠而交织的道路组织。

该建筑形式通过一组倾斜连续曲面空间展示拓扑表面概念，实现了功能元素之间的流畅衔接。通过赋予折叠钢板以结构功能，强化了凌驾于建筑之上的空间概念，打破了传统意义上建筑表皮和内部结构的分离。

在施工的七年间，项目重心逐步开始偏向建造可行性研究。正如建筑师所述：“项目的结构研究已成为项目实施过程中所要测试的核心内容，这也是对其本身能否做得更好的一次尝试，结果发现最终比想象的要好得多[11]。”项目中不同工程阶段的研究是与日本SGD的工程师们合作完成的。在利用折叠结构钢板的大梁解决问题之前，还开发了一系列备选结构原型。鱼骨纹这一日式折纸的原型，是项目大厅屋顶可见的折叠钢板的设计起源。项目的不同区域也都使用折叠结构作为参考，支持了“材料组织的过程，不能仅仅依靠设计图本身”的论点。尽管鱼骨纹是一个规则的通用结构，但是每个折叠钢板的单元构件均不相同。鱼骨纹钢板随着码头的几何线条而倾斜弯曲；折叠钢板的几何体构件因要保持与构造复杂曲线梁的圆形相切而呈现越来越小的角度。因此结构式样有了无限的变化。

综上所述，通过介绍1993年后的20多年间几个推动折叠建筑发展的地标性建筑设计，展现了折叠对建筑实践的影响，为“折叠在建筑设计形态生成中的应用”提供一个理论和实践基础。

由于科技水平的局限，并没有深入探讨与计算机生成设计交叉的德勒兹的离散特性设计方式。如果有机会做一个更广泛地整理，那么伯纳德·卡什和格雷戈·林恩近期的项目就应该好好地研究一下了。

德勒兹提出的理论激发了一代建筑师的思考：通过折叠的方式生成建筑形态，表现构造特征，并转化为设计理论知识。在这种新的建筑实践中产生的建筑设计对象的新特征引发了一系列的讨论：

1. 延伸性：对象是无限集，连续变化。
2. 多重性：将对象作为元素的集合，存在潜在的相互作用。
3. 曲线性：弯曲、倾斜、表面翘曲和非欧几里得几何体。
4. 成层性：矛盾建筑元素之间的分层和交界。
5. 连续性：表面的拓扑特性和组织原则。
6. 流动性：边界交错、模糊分界和概率性区域。

其实我可以把本文另起一个题目，叫作《折叠——德勒兹和实践的新定义》，以此来进一步推进文中的研究。鉴于新一代建筑师正在此论述的基础上学习，我们绝对可以期待他们在未来会有更严谨和更创新的表现。

参考资料

[1] 'Folding in Architecture', Architectural Design, vol.63, Academy Editions, London, 1993.

[2] Gilles Deleuze, The fold, Leibniz and the Baroque, trans. Tom Conley, The Athlone Press, London, 1993. Originally published in French as Le Pli: Leibniz et le baroque, 1988.

[3] 'Folding in Architecture', Architectural Design, vol.63, Academy Editions, London, 1993——Greg Lynn, 'Architectural curvilinearity -the folded, the pliant and the supple'.

[4] Bernard Cache, Earth moves: the furnishing of territories, trans. Anne Boyman, ed. Michael Speaks, Massachusetts Institute of Technology, 1995.

[5] Rem Koolhaas & Bruce Mau, S, M, L, XL, 010 publishers, Rotterdam, 1995.

[6] Enrique Limon, an interview with Paul Virilio, 'Paul Virilio and the Oblique', in Sites and Stations - Provisional Utopias, S. Allen and K.Park eds., Lusitania Press, New York, 1995

[7] Bart Lootsma, SUPERDUTCH, Thames and Hudson, London, 2000.

[8] 'Fresh facts', Netherlands Architecture Institute, Rotterdam, 2002.

[9] www.eyebeam.org/museum/arch.html

[10] Foreign Office Architects - 'Yokohama International Port Terminal', AA Files no.29, London, 1995.

[11] Alejandro Zaera-Polo, 'Roller coaster construction', verb_architecture boogazine, Actar, Barcelona, 2001.

作者简介

索菲亚·维左维缇，希腊塞萨利大学建筑系教授，在希腊和荷兰进行建筑实践。1971年出生于希腊塞萨洛尼基，1994获得亚里士多德大学建筑学院的建筑学—工学学士学位，1997年获得贝尔拉格研究所建筑学硕士学位。她的作品曾在希腊国家馆、2000年威尼斯双年展、2003年鹿特丹国际建筑双年展中展出。

学术主页查询更多作者相关著作https://uth.academia.edu/SophiaVyzoviti

致谢

本书是将折叠作为建筑设计中形式生成过程的案例研究集。书中的案例是基于观察、记录和分析我自2000年起在代尔夫特理工大学建筑学院所教授的设计课D10“Het Lab-Proeftuin voor Ontwerpen en Nieuwe Theorieën”。D10设计课的主管汉斯·柯内里森在三个学年的跨度中全力支持了这项研究工作，并为本书的出版做出了巨大贡献。本书的出版也获得了代尔夫特理工大学建筑学院院长博德曼教授的认可与支持。同时，我也衷心地感谢所有参与设计课程的同学们，尤其是以下这些为本书做出贡献的学生：Trine Bang, Safia Benayard-Serif, Mattieu Bescaux, Paul-Eric Bonnans, Robert Bos, Marcus Buitenweg, Johan Cederlof, Fokke van Dijk, Moniek Haverkort, Andreas Lokitek, Fredrick Lyth, Daniel Norel, Tijs Pulles, Bas Rozenbeek, Thys Schreij, Joost van Boekhold, Christian Vedeler, Bas Vogelpoel, Cindy Wouters和Jerome Zwart。

“折叠在建筑设计形态生成中的应用（D10设计课案例分析）”中的图像记录主要包含了设计课程中所有阶段的工作模型照片。Hans Kruze, Hans Schouten以及其他几位学生和我自己负责这些模型的摄影。Joost van Boekhold 和 Gabriel Pena帮助我完成了2001年D10设计课的记录工作。Joost Berkhout为此书的版式设计提出了宝贵的建议。Pnina Avidar邀请我将这一明确的设计方法运用到2002年蒂尔堡大学建筑与城规学院的分析设计课“In-Gewikkelde Ruimte”中，从而保证了研究的持续进行。2003年春天，在蒂尔堡大学的MSC-1设计课“Border Conditions”中，Marc Schoonderbeek, Olga Vazquez-Ruano 和 Paul van der Voort在与我们的设计课“The Hand Stays in the Picture”合作中贡献了更为深入的研究。Magnus Björkman, Ophelie Herranz, Paul Galindo和Natasha Fricout也通过设计课的练习作业而为本书做出了贡献。在协助编辑方面，我也要由衷地感谢Penelope Dean和Deborah Hauptmann。

“简析建筑折叠在实践中的应用和发展”中的所有图片版权均来自相应的建筑师和事务所。特别感谢VMX建筑事务所和视频艺术家Sander Meulmeester的热心供图。

译者简介

滕艺梦（Imon Teng）

美国建筑师协会会员，华盛顿哥伦比亚特区注册建筑师，美国绿色建筑专业人员AP BD+C，美国弗吉尼亚大学建筑硕士，东南大学道路桥梁与渡河工程学士。

栗茜（Sherry Li）

ArchiDogs建道筑格CEO&联合创始人，美国绿色建筑专业人员AP BD+C，宾夕法尼亚大学（University of Pennsylvania）景观建筑学硕士，东南大学建筑学硕士及学士。曾就职于美国波士顿Elkus Manfredi Architects建筑设计公司，参与波士顿昆西市场和华盛顿联合车站历史保护规划和建筑改造项目。

特别感谢黄家骏为全书最终核校付出的努力。

黄家骏（Alex Wong）

香港大学建筑系一级荣誉学士，哥伦比亚大学建筑系研究生候选人，曾为*The Architect's Newspaper*、*Arch2O*、《南华早报》、《建筑志》、ArchiDogs建道撰文。曾就职于MOS Architects, Solomonoff Architecture Studio, SWA。

ArchiDogs 建道

ArchiDogs | 建道

由年轻设计师引领的国际化设计新媒体与教育机构，于2015年初由哈佛大学，宾夕法尼亚大学及哥伦比亚大学毕业生共同创建。立足于北美，关注世界建筑、室内、景观、城市设计等学科的教育与实践，受众遍布全球各大建筑院校和建筑公司。建道以线下活动为核心凝聚力，以网络平台为媒体阵地，以实体设计研究所为教育基地，力求传播设计教育，促进学科交流，指南职业发展，推动设计创新。